はしがき

着実に「解ける力」がつく問題集

建設業経理士１級試験に合格するには、100点満点で70点以上をとることが必要となってきます。そのためには、テキストの内容を理解するだけでなく、問題として問われたときに正しく解答を導き出す力が求められるでしょう。

本書は、論点別に問題を並べています。以下、本書の特徴でも述べているテキストも使い、インプット・アウトプットを繰り返していけば、きっと合格に近づいていくはずです。

本書の特徴１　テキスト『スッキリわかる』に完全対応！

本書の「論点別問題編」の構成は、姉妹本となる『スッキリわかる建設業経理士１級財務諸表』（テキスト）に完全対応しています。テキストでは理解できても、問題になると解けない…ということはよくあることです。２冊を効率的に活用し、問題への対応力を高めていってください。

本書の特徴２　過去問題３回分付き！

本試験は毎年度９月と３月に行われますが、本書では2024年３月試験からさかのぼって３回分の過去問題を載せてあります。本試験と同じく１時間30分を制限時間とし、学習の成果がどれだけ発揮できるか、ぜひ試してみてください。

また、最近の試験傾向をつかめたり、特徴のある解答用紙への記入にも慣れることができたりと、本試験に向けた格好のシミュレーションにもなるはずです。ご活用ください。

難しく感じることがあったとしても、繰り返しやテキストに戻っての理解によって、きっと合格への道が開けてくるはずです。

2024年５月

・第５版刊行にあたっ

最新の傾向を反映した問題に差し換えました。

本書の効果的な使い方

1.「論点別問題編」を順次解く！

『スッキリわかる　建設業経理士１級　財務諸表』（テキスト）を一通り理解したら、本書の「**論点別問題編**」を**章別**に解いていきましょう。問題によっては、別冊内に解答用紙を用意しておりますので、ご利用ください。また、解答用紙は**ダウンロードサービス**もありますので、あわせてご利用ください。

2. 間違えた問題は、テキストに戻って確認！

『スッキリわかる　建設業経理士１級　財務諸表』（テキスト）と本書は**章構成が完全対応**していますので、間違えた問題はテキストに戻ってしっかりと復習しておきましょう。その後、改めて問題を解き直して、間違いを克服しましょう。

3. 3回分の過去問題を解く！

本書の別冊には、**3回分の過去問題**を収載しています。時間（1時間30分）を計って、学習の総仕上げと本番のシミュレーションを行いましょう。

なお、過去問題の解答用紙についてもダウンロードサービスがありますので、苦手な問題などがある場合には、繰り返し解いてみることをおすすめします。

建設業経理士１級（財務諸表）の出題傾向と対策

1. 配点

試験ごとに多少異なりますが、通常、次のような配点で出題されます。

第1問	第2問	第3問	第4問	第5問	合　計
20点	14点	16点	14点	36点	100点

なお、試験時間は１時間30分、合格基準は100点満点中70点以上となります。

2. 出題傾向と対策

第１問から第５問の出題傾向と対策は次のとおりです。

	出題傾向	対　策
第1問	第１問は記述問題が出題されます。	250字程度で、企業会計原則の理解度を中心に問われます。基本的な会計用語の理解と活用、全体的な表現能力の養成が必要となります。
第2問	第２問は用語選択問題が出題されます。	用語群から適当な語句を選択する方法で出題されます。会計理論に関する基本的な知識があれば、高得点も期待できる内容です。
第3問	第３問は正誤問題、文章の選択問題が出題されます。	企業会計原則を中心に、会計理論について網羅的に出題されます。各論点の正確な理解が必要となります。
第4問	第４問は計算問題が出題されます。	財務諸表に記載される金額の算定や、個別論点での計算問題です。会計理論の理解度を客観的に問うものとなっており、各論点について正確な理解が必要です。
第5問	第５問は精算表の作成問題が出題されます。	決算整理事項の処理について、特に減価償却費や退職給付引当金の予定計算など、建設業固有の論点について、正確な理解が必要となります。

※建設業経理士1級の試験は毎年度9月・3月に行われています。試験の詳細につきましては、検定試験ホームページ（https://www.keiri-kentei.jp）でご確認ください。

出題論点分析一覧表

第25回～第34回までに出題された論点は以下のとおりです。

第1問～第4問

理⇒第１問：記述問題・第２問：空欄記入問題・第３問：正誤問題　計⇒第４問：個別計算問題

論点	25	26	27	28	29	30	31	32	33	34
会計制度				理	理	理				
企業会計原則	理	理			理	理		理	理	理
会計上の変更及び誤謬の訂正			理	計	理			理		
貸借対照表					理					
損益計算書										
株式資本等変動計算書			計						計	
キャッシュ・フロー計算書	理	理		理				理		理
連結財務諸表				理	計	理	理			計
資産会計全般				理			理		理	理
棚卸資産					理				理	
金融商品			理				計			理
固定資産					理	理				理
減損会計										
資産除去債務		計								
リース会計				理		計理				
繰延資産				理	理	理	理		理	理
債権者持分と株主持分		理								
負債会計		理	理					理		
引当金（偶発債務を含む）	理	理	理	理	理			理	理	
退職給付会計						理	理		理	
純資産会計		理		理	理		理		理	
共同企業体	計		理					計		
税効果会計										
包括利益										

第5問

（総合問題）

論点	25	26	27	28	29	30	31	32	33	34
減価償却（見積りの変更）										
除却（臨時損失）				★	★			★		★
減損会計	★	★	★			★	★		★	
資産除去債務				★				★		
リース取引			★							
有価証券	★	★	★	★	★	★		★	★	★
材料										
繰延資産										
社債		★					★			
デリバティブ	★									
税効果会計	★	★	★	★	★	★	★	★	★	★
外貨換算		★				★	★		★	
費用・収益の繰延べ・見越し	★				★					★
工事進行基準	★	★	★	★	★	★	★	★	★	★
工事損失引当金										
貸倒引当金	★	★	★	★	★	★	★	★	★	★
完成工事補償引当金	★	★	★	★	★	★	★	★	★	★
退職給付引当金	★	★	★	★	★	★	★	★	★	★

CONTENTS

論点別問題編

過去問題編　解答・解説

過去問題編　問題・解答用紙（別冊）

※　問題に 解答用紙あり と表示されている問題は、別冊の解答用紙をご利用ください。なお、仕訳問題の解答用紙が必要な方は、仕訳シート（別冊の最終ページ）をご利用ください。

※　論点別問題編、過去問題編とも解答用紙はダウンロードしてご利用いただけます。TAC出版書籍販売サイト・サイバーブックストアにアクセスしてください。
https://bookstore.tac-school.co.jp/

論点別問題編

問　題

マークの意味

理論 計算 …理論問題

理論 計算 …計算問題

解答用紙あり …解答用紙がある問題

別冊の解答用紙をご利用ください。

※仕訳問題の解答用紙が必要な方は、仕訳シート（別冊の最終ページ）をご利用ください。

第１章　企業会計の分類と目的

問題 1　財務会計と管理会計　解答用紙あり

解答…P.52　理論　計算

次の文章の（　　　）の中に下記の用語群の中から適当な用語を記入しなさい。

(1)　財務会計とは、（　１　）に対し、企業の（　２　）および（　３　）に関する情報を提供することを目的とする。

(2)　管理会計とは、（　４　）に対し、企業の経営管理・（　５　）・（　６　）等に役立つ情報を提供することを目的とする。

〈用語群〉

ア．意思決定　イ．会計帳簿　ウ．外部利害関係者　エ．業績評価
オ．財政状態　カ．財務諸表　キ．経営成績　ク．経営理念
ケ．債権者　コ．内部利害関係者　サ．労務管理

問題 2　会計公準　解答用紙あり

解答…P.52　理論　計算

会計が行われるための基礎的前提である会計公準３つについて、それぞれの名称と内容を述べなさい。

問題 3　企業会計原則 解答用紙あり

解答…P.52 理論 計算

次の規定の空欄を埋めなさい。

企業会計原則　第一　一般原則

一　企業会計は、企業の財政状態及び（　①　）に関して、（　②　）な報告を提供するものでなければならない。

二　企業会計は、すべての取引につき、（　③　）に従って、正確な会計帳簿を作成しなければならない。

三　資本取引と損益取引とを明瞭に区別し、特に（　④　）と（　⑤　）とを混同してはならない。

四　企業会計は、財務諸表によって、利害関係者に対し必要な会計事実を（　⑥　）に表示し、企業の状況に関する（　⑦　）を誤らせないようにしなければならない。

五　企業会計は、その処理の原則及び手続を（　⑧　）して適用し、みだりにこれを変更してはならない。

六　企業の財政に（　⑨　）な影響を及ぼす可能性がある場合には、これに備えて適当に健全な会計処理をしなければならない。

七　株主総会提出のため、信用目的のため、租税目的のため等種々の目的のために異なる形式の財務諸表を作成する必要がある場合、それらの内容は、信頼しうる（　⑩　）に基づいて作成されたものであって、政策の考慮のために事実の（　②　）な表示をゆがめてはならない。

問題 4　企業会計原則 解答用紙あり

解答…P.53 理論 計算

次の文章の下線部分について、正しいと思うものには○印を、正しくないと思うものには×印をつけ、×印をつけたものについてはその理由を簡潔に記述しなさい。

⑴　真実性の原則でいうところの「真実」は「絶対的真実」をいう。

⑵　正規の簿記の原則は、正確な会計帳簿の作成とそれにもとづく財務諸表の作成、すなわち棚卸法による財務諸表の作成を要請している。

⑶　後発事象とは、貸借対照表日後に発生した事象なので、たとえそれが次期以後の財政状態および経営成績に重大な影響を及ぼすものであったとしても、当期の財務諸表には何も記載しない。

⑷　企業会計上、継続性の原則が問題となるのは、一つの会計事実に対して複数の会計処理の原則または手続きの選択適用が認められている場合である。

⑸　保守主義の原則からいうと、費用は過度に多く計上することが望ましい。

⑹　株主総会提出用の財務諸表と信用目的用の財務諸表の形式が異なることは単一性の原則に反するものである。

問題 5 企業会計原則 解答用紙あり

解答…P.53 理論 計算

次の規定の空欄を埋めなさい。

企業会計原則　第二　損益計算書原則（一部）

（損益計算書の本質）

一　損益計算書は、企業の（　①　）を明らかにするため、一会計期間に属するすべての（　②　）とこれに（　③　）するすべての費用とを記載して経常利益を表示し、これに特別損益に属する項目を加減して（　④　）を表示しなければならない。

A　すべての費用及び収益は、その（　⑤　）及び（　⑥　）に基づいて計上し、その（　⑦　）した期間に正しく割当てられるように処理しなければならない。ただし、（　⑧　）は、原則として、当期の損益計算に計上してはならない。

B　費用及び収益は、（　⑨　）によって記載することを原則とし、費用の項目と収益の項目とを直接に（　⑩　）することによってその全部又は一部を損益計算書から除去してはならない。

C　費用及び収益は、その発生源泉に従って明瞭に分類し、各収益項目とそれに関連する費用項目とを損益計算書に（　⑪　）しなければならない。

（損益計算書の区分）

二　損益計算書には、（　⑫　）計算、（　⑬　）計算及び（　⑭　）計算の区分を設けなければならない。

問題 6　企業会計原則 解答用紙あり

解答…P.53 理論 計算

次の規定の空欄を埋めなさい。

企業会計原則　第三　貸借対照表原則（一部）

（貸借対照表の本質）

一　貸借対照表は、企業の（　①　）を明らかにするため、貸借対照表日におけるすべての（　②　）、（　③　）及び純資産（資本）を記載し、株主、債権者その他の利害関係者にこれを正しく表示するものでなければならない。ただし、（　④　）に従って処理された場合に生じた（　⑤　）及び（　⑥　）は、貸借対照表の記載外におくことができる。

（貸借対照表の区分）

二　貸借対照表は、（　②　）の部、（　③　）の部及び純資産の部（資本の部）の三区分に分ち、さらに（　②　）の部を（　⑦　）、（　⑧　）及び（　⑨　）に、（　③　）の部を（　⑩　）及び（　⑪　）に区分しなければならない。

（貸借対照表の配列）

三　（　②　）及び（　③　）の項目の配列は、原則として、（　⑫　）によるものとする。

（資産の貸借対照表価額）

五　貸借対照表に記載する資産の価額は、原則として、当該資産の（　⑬　）を基礎として計上しなければならない。

資産の（　⑬　）は、資産の種類に応じた（　⑭　）によって、各事業年度に配分しなければならない。

問題 7　企業会計原則 解答用紙あり

解答…P.54 理論 計算

貸借対照表の科目配列として流動性配列法があるが、その内容を説明し、同時に流動・固定の分類について論じなさい（240字以内）。

第2章　発生主義会計

問題 8　発生主義会計 解答用紙あり

解答…P.54 理論 計算

利益算定の方法として財産法と損益法を説明し、今日の期間損益計算の在り方を論じなさい（400字以内）。

問題 9　発生主義会計 解答用紙あり

解答…P.55 理論 計算

すべての費用及び収益は、その支出及び収入に基づいて計上し、その発生した期間に正しく割当てられるように処理しなければならないと規定する損益計算書原則をふまえ、次の各問に答えなさい。

問１　「……支出及び収入に基づいて計上し」とあるが、どのような会計を指しているのか、またその会計について説明しなさい（150字以内）。

問２　「発生した期間に正しく割当てられるように」とあるが、どのような会計を指しているのか、またその会計について説明しなさい（150字以内）。

問題 10　発生主義会計 解答用紙あり

解答…P.55 理論 計算

費用および収益の計上を発生主義にて行うことは基本的ルールであるが、収益について実現主義が存在する。実現主義による収益の計上要件を示しなさい。

問題 11　発生主義会計 解答用紙あり

解答…P.55 理論 計算

費用収益対応の原則について、次の各問に答えなさい。

問１　この原則の必要性を論じなさい（140字以内）。

問２　工事原価が資産として次期に繰り越される場合を説明しなさい（160字以内）。

第３章　建設業における収益・費用

問題 12　売上 解答用紙あり

解答…P.56 理論 計算

次の文章が正しい場合は○を、正しくない場合は×を記入しなさい。

① 建設業における収益計上の基準として、実現主義のほか、発生主義による収益計上が認められている。これは工事進行基準とよばれている。

② 工事契約に関する収益の計上については、工事進行基準または工事完成基準のいずれかを選択適用することができる。

③ 短期の請負工事についても、工事進行基準の適用が妥当視される。

④ 工事進行基準は、工事収益の期間配分を合理的に行うことができる。

⑤ 長期の請負工事に関する収益の計上について工事完成基準を採用した場合、工事収益がある会計期間において一度に計上される。したがって、収益獲得のための費用が巨額に蓄積され費用収益対応の原則に反する。

⑥ 経済環境の急激な変化等の理由により、予定工事原価の設定がきわめて困難となる場合においても、工事進行基準による収益計上が求められる。

問題 13　売上原価 解答用紙あり

解答…P.56 理論 計算

収益と費用の対応関係を工事契約の会計処理に関連させて説明しなさい（200字以内）。

問題14 売上原価 解答用紙あり

解答…P.56 理論 計算

わが国の会計基準に照らして適正な文章となるように、次の甲群の語句に対応する語句を乙群・丙群から選び、その記号を記入しなさい。

甲　群	乙　群	丙　群
ア　未払費用とは、 イ　損益計算書は、 ウ　内部利益とは、	A　その発生が当期以前の事象に起因し、金額を合理的に見積もることができる場合に B　一定の契約に従い、継続して役務の提供を受ける場合、すでに提供された役務に対して C　企業の経営成績を明らかにするため、一定期間に属する全ての収益と D　営業損益計算、経常損益計算の区分を設け E　原則として、本店、支店、事業部等の企業内部における独立した会計単位相互間の F　親会社を中心とした、企業グループ間の G　一定の契約に従い、継続して役務の提供を行う場合、すでに提供した役務に対して	1　当期の費用発生額から除去しなければならない。 2　内部取引から生ずる未実現の利益をいう。 3　経常利益を表示し、法人税等を控除して繰越利益剰余金を表示する。 4　いまだその対価の支払いが終わらないものをいう。 5　いまだその対価の支払いを受けていないものをいう。 6　これに対応する全ての費用を記載して経常利益を表示し、特別損益を加減して当期純利益を表示する。 7　連結財務諸表作成上発生する未実現の利益をいう。

問題 15　売上と売上原価

解答…P.57 理論 計算

次の一連の取引を、(A)工事進行基準と(B)工事完成基準によって仕訳しなさい。なお、工事進行基準における決算日の工事進捗度は、原価比例法により決定すること。

(1)　相沢建設㈱は、×1年8月1日にビルの建設（完成予定は×2年11月30日）を2,850,000円で請け負い、契約時に手付金として200,000円を小切手で受け取った。

(2)　×2年3月31日　決算日を迎えた。当期中に発生した費用は、材料費340,000円、労務費430,000円、外注費112,500円、経費130,000円であった。なお、工事原価総額は2,250,000円である。

(3)　×2年11月30日　ビルが完成し、引き渡しが完了した。引渡時に契約金の残額2,650,000円を小切手で受け取った。なお、当期中に発生した費用は、材料費580,000円、労務費495,000円、外注費150,000円、経費275,000円であった。

問題 16　売上と売上原価　解答用紙あり

解答…P.58 理論 計算

次の［資料］にもとづき、工事進行基準を採用した場合の各期における工事収益、工事原価、工事利益を計算しなさい。

［資　料］

(1)　工事契約の施工者である当社は、第1期にダムの建設（建設期間は3年）について契約を締結した。契約で取り決めた当初の工事収益総額は600,000円であり、工事原価総額の当初見積額は540,000円である。

(2)　第1期末において、工事原価総額の見積額は546,000円に変更した。

(3)　第2期末において、契約内容の変更があり、工事収益総額を630,000円とする契約条件の変更が決定した。また、当該変更により工事原価が18,000円増加すると見積られる。

(4)　当社は決算日における工事進捗度を原価比例法により決定している。なお、各期に発生した工事原価は次のとおりである。

	第1期	第2期	第3期
当期に発生した工事原価	136,500円	269,580円	157,920円

＊　当該工事は第3期に完成し、引き渡しが完了した。

問題 17　特別損益　解答用紙あり

解答…P.58　理論　計算

次の文章の（　　　）を下記の用語群の中から選び、解答欄に記号を記入しなさい。

特別損益は、（　①　）売却損益、（　②　）以外の目的で取得した（　③　）の売却損益及び（　④　）による損失を臨時損益として表示する。

特別損益に属する項目であっても（　⑤　）または、（　⑥　）に発生するものは経常損益計算に含めることができる。

〈用語群〉

A．有価証券　B．固定資産　C．偶発的　D．確定
E．転売　F．受取手形　G．災害　H．償却債権
I．たな卸資産評価　J．毎期経常的　K．原因不明なもの
L．金額の僅少なもの

第４章　資産・負債会計総論

問題 18　資産会計　解答用紙あり

解答…P.59　理論　計算

資産は、評価額（貸借対照表価額）の決定にあたり、その性格により貨幣性資産と非貨幣性資産（費用性資産とその他の非貨幣性資産）に分類される。これらの資産のうち、貨幣性資産と費用性資産の内容と評価額の決定について簡潔に論じなさい（200字以内）。

問題 19　負債会計　解答用紙あり

解答…P.59　理論　計算

次の文章の（　　）に適当な記号を記入して完成させなさい。

負債を発生原因別に分類すると、営業取引から生じた債務、（　①　）から生じた債務、（　②　）から生じた債務に分類できる。（　①　）から生じた債務には、借入金や社債などがあり、（　②　）から生じた債務には、未払費用や引当金などがある。

また、債務は、支払手形、工事未払金のような（　③　）と未成工事受入金のような（　④　）というように、金銭の支出を伴うか否かによっても分類できる。

〈用語群〉

A．投資取引　B．流動負債　C．非金銭債務　D．損益計算
E．固定負債　F．財務取引　G．確定債務　H．金銭債務
I．不確定債務　J．条件付債務　K．財産計算　L．偶発債務

問題 20　費用配分の原則　解答用紙あり

解答…P.59　理論　計算

費用配分の原則について、次の各問に答えなさい。

問１　この原則の意義を述べなさい（150字以内）。

問２　費用配分のプロセスを説明しなさい（150字以内）。

第５章　現金預金と金銭債権

問題 21　貸倒引当金の設定　解答用紙あり

解答…P.59　理論　計算

貸倒見積高の算定方法に関する次の表の ① から ④ に適当な語句を入れ、キャッシュ・フロー見積法について説明しなさい（200字以内）。

債権の区分	貸倒見積高の算定
一般債権	③ 法
① 債権	④ 法
	キャッシュ・フロー見積法
② 債権等	④ 法

問題 22　貸倒懸念債権

解答…P.60　理論　計算

次の資料にもとづき、A社に対する受取手形について、財務内容評価法による貸倒見積高を計算しなさい。

［資　料］

⑴　A社に対する受取手形の期末残高は60,000円であり、この債権は貸倒懸念債権に分類される。

⑵　A社からは営業保証金20,000円を預かっており、今後のA社の支払能力を評価した結果、40％の貸倒引当金を設定する。

問題23　貸倒懸念債権

解答…P.60　理論　計算

次の資料にもとづき、B社に対する貸付金について、キャッシュ・フロー見積法による貸倒見積高を計算しなさい（当期：×２年４月１日〜×３年３月31日）。

なお、計算過程で端数が生じる場合は、そのつど円未満を四捨五入すること。

［資　料］

⑴　B社に対する貸付金の期末残高は50,000円（年利率４％、利払日３月末日、返済日×６年３月31日）であり、この債権は貸倒懸念債権に分類される。

⑵　当期末の利払後、B社より弁済条件の緩和の申し出があったので、これを承諾し、年利率を２％に引き下げた。

問題24　破産更生債権等

解答…P.61　理論　計算

次の資料にもとづき、C社に対する貸付金について、当期末における仕訳を答えなさい。

［資　料］

⑴　C社に対する貸付金の期末残高は70,000円であり、この債権は破産更生債権等に分類される（この債権に対する貸倒引当金は0円である）。

⑵　C社に対する貸付金は土地（時価40,000円）を担保としている。

第６章　有価証券

問題25　有価証券　解答用紙あり

解答…P.61　理論　計算

有価証券に関して説明した下記の文章の（　　　）の中に適当な語句を入れなさい。

会計上の有価証券とは、（　ア　）、（　イ　）、証券投資信託の受益証券等である。

⑴　流動資産に表示される有価証券

①有価証券：（　ウ　）及び（　エ　）に満期の到来する社債その他の債券

⑵　固定資産の投資その他の資産に表示される有価証券

②（　オ　）：その他有価証券及び（　カ　）満期の到来する社債その他の債券

③（　キ　）：子会社株式及び関連会社株式

問題 26　有価証券の購入と売却

解答…P.61　理論　計算

次の一連の取引について仕訳しなさい。

(1)　売買目的で愛媛商事㈱の株式200株を１株あたり400円で購入し、代金は売買手数料400円とともに月末に支払うこととした。

(2)　売買目的で愛媛商事㈱の株式200株を１株あたり450円で追加購入し、代金は売買手数料400円とともに月末に支払うこととした。

(3)　愛媛商事㈱から配当金領収証600円を受け取った。

(4)　愛媛商事㈱の株式350株を１株あたり425円で売却し、売却代金から売買手数料400円を差し引いた残額は月末に受け取ることとした。なお、当社は株式について移動平均法により記帳しており、売却時にかかる売買手数料は有価証券売却損益に含めないで処理する。

問題 27　売買目的有価証券の評価

解答…P.62　理論　計算

次の資料にもとづき、当期の財務諸表に計上される有価証券と有価証券評価損益を計算しなさい（当期：×２年４月１日〜×３年３月31日）。なお、有価証券はすべて当期に取得したものである。

［資料１］決算整理前残高試算表（一部）

決算整理前残高試算表

×３年３月31日　　　（単位：円）

有　価　証　券	116,200	

［資料２］

銘　柄	分　類	市場価格	取得原価	時　価
Ａ社株式	売買目的有価証券	有	70,000円	72,800円
Ｂ社株式	売買目的有価証券	有	46,200円	42,000円

問題 28　売買目的有価証券の処理

解答…P.62　理論　計算

次の一連の取引について、(A)切放法と(B)洗替法によって仕訳しなさい。

(1)　売買目的でA社株式400株を1株あたり100円で購入し、代金は売買手数料400円とともに月末に支払うこととした。

(2)　決算を迎えた。なお、A社株式の時価は1株あたり103円である。

(3)　期首につき、必要な仕訳を行う。

(4)　A社株式のうち300株を1株あたり105円で売却し、売却代金から売買手数料400円を差し引いた残額を月末に受け取ることとした。なお、売買手数料は有価証券売却損益に含めて処理する。

問題 29　満期保有目的債券の評価

解答…P.63　理論　計算

次の資料にもとづき、当期の財務諸表に計上される未収収益、投資有価証券、有価証券利息を計算しなさい（当期：×２年４月１日～×３年３月31日）。

［資料１］決算整理前残高試算表（一部）

決算整理前残高試算表

×３年３月31日　　　（単位：円）

満期保有目的債券	38,800	有価証券利息	800

［資料２］

銘　柄	分　　類	市場価格	取得原価	時　　価	備考
C社社債	満期保有目的債券	なし	38,800円	－	＊

＊　C社社債（満期日：×７年６月30日、年利率：４％、利払日：12月末と６月末）は、×２年７月１日に額面総額40,000円を額面100円につき97円で取得したものである。取得価額と額面金額との差額は金利の調整と認められるため、償却原価法（定額法）を適用する。なお、利息の計上は適正に行われている。

問題 30 その他有価証券の処理

解答…P.64 理論 計算

次の一連の取引について、(A)全部純資産直入法と(B)部分純資産直入法によって仕訳しなさい。なお、決算日は３月31日である。

(1) ×１年４月１日　A社株式（その他有価証券）40,000円を購入し、代金は小切手を振り出して支払った。

(2) ×１年７月１日　B社株式（その他有価証券）50,000円を購入し、代金は小切手を振り出して支払った。

(3) ×２年３月31日　決算日につき、その他有価証券の評価替えを行う。なお、A社株式の時価は42,000円、B社株式の時価は47,000円である。

(4) ×２年４月１日　期首につき、再振替仕訳を行う。

(5) ×３年３月31日　決算日につき、その他有価証券の評価替えを行う。なお、A社株式の時価は38,500円、B社株式の時価は51,000円である。

問題 31 その他有価証券の評価

解答…P.65 理論 計算

次の資料にもとづき、当期の財務諸表に計上される投資有価証券、その他有価証券評価差額金、投資有価証券評価損を計算しなさい（当期：×２年４月１日～×３年３月31日）。なお、有価証券はすべて当期に取得したものである。

［資　料］

銘　柄	分　　類	市場価格	取得原価	時　　価	備考
D社株式	その他有価証券	有	67,200円	72,800円	＊
E社株式	その他有価証券	有	69,020円	65,450円	＊

＊　部分純資産直入法を採用している。

問題32　強制評価減、実価法

解答…P.65　理論　計算

次の資料にもとづき、当期の財務諸表に計上される投資有価証券、子会社株式、投資有価証券評価損、子会社株式評価損を計算しなさい（当期：×２年４月１日～×３年３月31日）。なお、有価証券はすべて当期に取得したものである。

［資　料］

銘　柄	分　類	市場価格	取得原価	時　価	備考
Ｆ社株式	子会社株式	有	75,600円	77,000円	
Ｇ社株式	子会社株式	有	81,000円	39,000円	＊１
Ｈ社株式	その他有価証券	無	46,850円	－	＊２

＊１　時価が著しく下落しており、回復の見込みは不明である。

＊２　当社は、Ｈ社株式の10％を保有している。Ｈ社の経営状況が著しく悪化したため、実価法を適用する。なお、Ｈ社の資産合計は982,000円、負債合計は758,600円である。

問題33　有価証券　解答用紙あり

解答…P.66　理論　計算

有価証券の評価方法を説明した下記の文章の（　　　）の中に適当な語句を入れなさい。

1．売買目的有価証券は、（　ア　）をもって貸借対照表価額とし、評価差額は（　イ　）として処理する。

2．満期保有目的債券は、（　ウ　）をもって貸借対照表価額とする。ただし、債券を債券金額より低い価額または高い価額で取得した場合において、取得価額と債券金額との差額の性格が金利の調整と認められるときは、（　エ　）にもとづいて算定された価額をもって貸借対照表価額としなければならない。

3．子会社株式および関連会社株式は、（　オ　）をもって貸借対照表価額とする。

4．その他有価証券は、（　カ　）をもって貸借対照表価額とし、評価差額は（　キ　）にもとづき、次のいずれかの方法により処理する。

⑴　評価差額の合計額を（　ク　）に計上する。

⑵　時価が取得原価を上回る銘柄に係る評価差額は（　ケ　）に計上し、時価が取得原価を下回る銘柄に係る評価差額は（　コ　）として処理する。

なお、純資産の部に計上されるその他有価証券の評価差額については、税効果会計を適用し、純資産の部において他の剰余金と区分して記載しなければならない。

5．時価のない有価証券の貸借対照表価額は、それぞれ次の方法による。

(1)　社債その他の債券の貸借対照表価額は、（　サ　）の貸借対照表価額に準ずる。
(2)　社債その他の債券以外の有価証券は、（　シ　）をもって貸借対照表価額とする。

第７章　デリバティブ取引

問題34　スワップ取引

解答…P.66 理論　計算

次の資料にもとづき、(1)～(2)について、借入金とスワップ取引に関する必要な仕訳をしなさい。

［資　料］

当社はＡ銀行から変動金利で100,000円を借り入れているが、金利変動リスクを回避するため、×２年４月１日にＢ銀行と以下の条件で金利スワップ契約を締結した。

契約内容：当社はＢ銀行に対して、想定元本100,000円に対して２％の固定金利を支払い、Ｂ銀行から変動金利を受け取る。

利払日は借入金、スワップ契約ともに３月31日（後払い）であり、変動金利の利率は利払日の水準を適用する。

(1)　×３年３月31日（利払日）における変動金利は年2.5％であった。利息の受け払いは現金によって行う。
(2)　×３年３月31日（決算日）現在の金利スワップの時価は136円である。

問題35　ヘッジ会計　解答用紙あり

解答…P.66 理論　計算

次の文章の（　　）に適当な記号を記入して完成させなさい。

ヘッジ会計とは、ヘッジ取引のうち一定の要件を充たすものについて、ヘッジ対象に係る（　①　）とヘッジ手段に係る（　①　）を同一の（　②　）に認識し、ヘッジの効果を会計に反映させるための（　③　）な会計処理をいう。

また、ヘッジ会計の方法は、（　④　）会計を原則的処理方法とし、（　⑤　）会計も容認することとしている。

〈用語群〉

Ａ．変動	Ｂ．会計期間	Ｃ．損益	Ｄ．資産
Ｅ．負債	Ｆ．繰延ヘッジ	Ｇ．損失	Ｈ．見越ヘッジ
Ｉ．特殊	Ｊ．正常	Ｋ．評価	Ｌ．時価ヘッジ

問題36　ヘッジ会計

解答…P.67　理論　計算

当社は国債（その他有価証券）を購入した。また、国債の価格変動リスクをヘッジするため、国債先物取引を用いてヘッジ取引を行い、委託証拠金300円を支払った（ヘッジ会計の適用要件を満たしている）。

次の資料にもとづき、繰延ヘッジを適用した場合の(A)国債の購入時（先物取引の契約時）、(B)決算時、(C)翌期首、(D)国債の売却時（先物取引の決済時）における仕訳をしなさい。なお、その他有価証券は全部純資産直入法を採用しているものとし、決済は当座預金口座を通じて行う。

［資　料］国債および国債先物の時価

	保有国債の時価	国債先物の時価
購　入　時	199,600円（購入価額）	192,000円（売建て）
決　算　時	198,200円	190,800円
売　却　時	196,500円（売却価額）	189,000円（買戻し）

第８章　棚卸資産

問題37　棚卸資産　解答用紙あり

解答…P.67　理論　計算

建設業における棚卸資産（材料貯蔵品と未成工事支出金）の取得原価の算定について簡潔に論じなさい（120字以内）。

問題38　棚卸資産　解答用紙あり

解答…P.67　理論　計算

棚卸資産の消費高および貸借対照表価額を決定する方法として、先入先出法があるが、その方法と特徴を論じなさい（150字以内）。

問題39 期末材料の評価 解答…P.68 理論 計算

次の［資料］にもとづき、当期の財務諸表に計上される棚卸減耗費、材料評価損を計算しなさい。

［資　料］

期末材料帳簿棚卸高　　560個　@100円（原価）

期末材料実地棚卸高

　良　　品　　525個　@ 98円（正味売却価額）

　品質低下品　　28個　@ 60円（正味売却価額）

第9章　有形固定資産

問題40 固定資産の取得 解答用紙あり 解答…P.68 理論 計算

固定資産の取得に関する次の文章の（　　　）を、下記の用語群の中から選び、解答欄に記号を記入しなさい。なお、記号は何度使用してもよい。

購入によって取得した固定資産は、その（ ① ）に（ ② ）を加算して取得原価とする。ただし（ ③ ）がある場合には、（ ④ ）の一部または全部を（ ⑤ ）をもって取得原価とすることができる。購入に際しての（ ⑥ ）、（ ⑦ ）は購入代価から控除する。

自家建設による固定資産は、（ ⑧ ）に従って（ ⑨ ）を計算し、取得原価を決定する。建設に要する借入資本の（ ⑩ ）で（ ⑪ ）の期間に属するものは、取得原価に（ ⑫ ）することができる。

自己所有の固定資産と交換によって固定資産を取得した場合には、交換に供された自己資産の（ ⑬ ）をもって取得原価とする。（ ⑭ ）を前提としているため交換差損益は発生しない。

贈与された固定資産は、（ ⑮ ）等を基準として（ ⑯ ）した額をもって取得原価とする。

〈用語群〉

A．適正な簿価	B．正当な理由	C．製造原価	D．利子
E．加算しない額	F．算入	G．値引	H．購入代価
I．現金等価物	J．付随費用	K．等価交換	L．割戻
M．社債	N．時価	O．合併	P．稼働前
Q．適正な原価計算基準		R．公正に評価	

問題 41　有形固定資産の取得原価

解答…P.69 理論 計算

次の各取引について仕訳しなさい。

(1)　土地および建物を一括して20,000円で購入し、代金は小切手を振り出して支払った。なお、土地の時価は18,000円、建物の時価は6,000円である。

(2)　現物出資として土地（時価10,000円）の提供を受け、株式500株を@20円で発行した。なお、払込金額の全額を資本金として処理する。

(3)　自己所有の土地（簿価4,500円、時価4,000円）とA社所有の土地（簿価3,000円、時価4,000円）を交換した。

(4)　自己所有の株式100株（簿価@120円、時価@150円、その他有価証券）とE社所有の土地（簿価14,000円）を交換した。

(5)　土地（時価20,000円）の贈与を受けた。

問題 42　減価償却 解答用紙あり

解答…P.70 理論 計算

減価償却の意義を説明するとともに、価値減少の原因を論じなさい（300字以内）。

問題 43　固定資産の償却方法 解答用紙あり

解答…P.70 理論 計算

固定資産の償却方法を説明した下記の文章の（　　　）の中に適当な語句を入れなさい。

(1)（　ア　）は、固定資産の耐用期間中、毎期（　イ　）の減価償却費を計上する方法である。

(2)（　ウ　）は、固定資産の耐用期間中、毎期期首（　エ　）に償却率を乗じて計算した額を減価償却費として計上する方法である。

(3)（　オ　）は、固定資産の耐用期間中、毎期一定の額を算術級数的に逓減した減価償却費を計上する方法であり、（　カ　）の簡便法である。

(4)（　キ　）は、固定資産の耐用期間中、毎期当該資産の（　ク　）の度合いに応じて減価償却費を計上する方法である。

問題 44 有形固定資産

解答…P.71 理論 計算

次の一連の取引について仕訳しなさい。

⑴ ×1年6月1日　備品5,000円を500円の値引を受けて取得した。なお、代金は小切手を振り出して支払い、引取りにかかった運賃300円は現金で支払った。

⑵ ×1年8月1日　建設中の建物が完成し、引渡しを受けた。なお、この建物について建設仮勘定8,000円が計上されており、契約価額との差額12,000円を小切手を振り出して支払った。

問題 45 減価償却

解答…P.71 理論 計算

次の各問に答えなさい。

問1　取得原価500,000円、耐用年数8年、残存価額50,000円の備品（1年目の期首に取得）を定額法によって減価償却した場合の、1年目と2年目の減価償却費を計算しなさい。

問2　問1の備品を定率法（償却率0.25）によって減価償却した場合の、1年目と2年目の減価償却費を計算しなさい。

問3　取得原価270,000円、耐用年数5年、残存価額ゼロ、見積総走行距離20,000kmの車両（1年目の期首に取得）を生産高比例法によって減価償却した場合の、1年目と2年目の減価償却費を計算しなさい。なお、1年目の走行距離は6,000km、2年目の走行距離は5,500kmである。

問4　問3の車両を級数法によって減価償却した場合の、1年目と2年目の減価償却費を計算しなさい。

問題 46 減価償却

解答…P.71 理論 計算

次の資料にもとづき、当期の財務諸表に計上される減価償却費を計算しなさい。

［資　料］

当期首に取得した備品（取得原価500,000円）について、200％定率法によって減価償却を行う。なお、耐用年数は5年、保証率は0.10800である。

問題 47 総合償却

解答…P.72 理論 計算

次の資料にもとづき、以下の各問に答えなさい。

［資　料］

当社が保有する機械は次のとおりである。なお、残存価額はゼロであり、定額法により減価償却を行う（記帳方法は間接法）。

	取得原価	耐用年数
A機械	360,000円	3年
B機械	720,000円	6年
C機械	1,440,000円	8年

問１　総合償却を行う場合の平均耐用年数を計算しなさい。

問２　総合償却を行う場合の、１年分の減価償却費を計算しなさい。

問題 48 耐用年数の変更

解答…P.72 理論 計算

次の資料にもとづき、当期の財務諸表に計上される備品、備品減価償却累計額、減価償却費を計算しなさい（当期：×７年４月１日～×８年３月31日）。

［資料１］

決算整理前残高試算表

×８年３月31日　　（単位：円）

備　　品	480,000	備品減価償却累計額	162,000

［資料２］

備品は当期首から３年前に取得したものであり、残存価額48,000円、耐用年数８年の定額法により減価償却を行ってきたが、機能的に著しく減価したため、当期首からの残存耐用年数を３年に変更することとした。

問題49 固定資産の売却・除却・買換え

解答…P.73 理論 計算

次の各取引について仕訳しなさい。

(1) 香川商店（年１回　３月末決算）は、×３年５月31日に備品（取得原価400,000円、購入日×１年４月１日）を300,000円で売却し、代金のうち半分は現金で受け取り、残りは翌月末日に受け取ることとした。なお、当該備品は定額法（残存価額40,000円、耐用年数８年）により減価償却しており、間接法で記帳している。当期分の減価償却費の計上もあわせて行うこと。

(2) ×４年の期首（４月１日）に180,000円で購入したコンピュータを当期末（×８年３月31日）に除却し、処分するまで倉庫に保管することとした。なお、このコンピュータの処分価値は30,000円と見積られた。当該資産は定額法（残存価額ゼロ、耐用年数５年）により償却され、間接法で記帳している。当期分の減価償却費の計上もあわせて行うこと。

(3) ×５年６月30日、旧車両（取得原価600,000円、期首の減価償却累計額292,800円、間接法で記帳）を下取りに出し、新車両800,000円を購入した。下取価格は240,000円、時価は239,500円であり、下取価格と新車両の代金との差額は現金で支払った（下取価格と時価の差額は新車両の値引として処理する）。なお、車両は定率法（償却率年20%）で償却している。当期分の減価償却費の計上もあわせて行うこと（決算日は年１回、３月31日である）。

問題 50 固定資産の除却・廃棄

解答…P.74 理論 計算

次の資料にもとづき、当期の財務諸表に計上される減価償却費、貯蔵品売却益、備品除却損、備品、備品減価償却累計額を計算しなさい（当期：×７年４月１日～×８年３月31日）。

［資料１］

決算整理前残高試算表

×８年３月31日　　　（単位：円）

備　　　　品	810,000	備品減価償却累計額	81,000
備 品 除 却 損	90,000	貯 蔵 品 売 却 益	15,000

［資料２］

(1)　×７年10月31日に備品（取得原価750,000円、期首減価償却累計額600,000円）を除却した際に次の仕訳を行っている（見積売却価額60,000円）。なお、除却した備品はその後、75,000円で売却している。

（備品減価償却累計額）	600,000	（備　　　　品）	750,000
（貯　　蔵　　品）	60,000		
（備　品　除　却　損）	90,000		

(2)　備品は定額法（耐用年数10年、残存価額ゼロ）により減価償却を行う。

問題 51 固定資産の滅失

解答…P.75 理論 計算

次の各取引について仕訳しなさい（当期：×７年４月１日～×８年３月31日）。

(1)　×７年４月１日　火災により、建物（取得原価300,000円、期首減価償却累計額162,000円、直接法で記帳）が焼失した。なお、この建物には火災保険200,000円が付してあるため、保険会社に連絡をした。

(2)　保険会社より、上記(1)の火災について保険金100,000円を支払う旨の連絡を受けた。

(3)　×７年６月30日　火災により、建物（取得原価400,000円、期首減価償却累計額252,000円）が焼失した。なお、この建物には火災保険200,000円が付してあるため、保険会社に連絡をした。この建物は耐用年数20年、残存価額は40,000円の定額法によって減価償却（間接法で記帳）しており、当期分の減価償却費は月割りで計上する。

(4)　保険会社より、上記(3)の火災について、保険金200,000円を支払う旨の連絡を受けた。

問題52 取替資産 解答用紙あり

解答…P.75 理論 計算

取替資産とはどのような資産であるか説明しなさい（160字以内）。

問題53 固定資産の減損会計 解答用紙あり

解答…P.75 理論 計算

固定資産の減損会計に関する次の文章の（　　　）を、下記の用語群の中から選び、解答欄に記号を記入しなさい。

土地、建物などの固定資産は、（　①　）基準にもとづき、原則として（　①　）から（　②　）を控除した金額で評価される。しかし、固定資産の利用によって得られる（　③　）が、当初の予想よりも（　④　）場合には、資産の（　⑤　）を（　⑥　）に反映させなければならない場合がある。

このような場合には、固定資産の（　⑦　）な帳簿価額を（　⑧　）し、将来に損失を繰り延べないための会計処理が必要となる。これを固定資産の（　⑨　）という。

なお、固定資産の（　⑨　）は、金融商品に適用されている（　⑩　）とは異なり、（　①　）基準の下で行われる帳簿価額の（　⑪　）である。

〈用語群〉

A．過小	B．収益	C．帳簿価額	D．減額
E．臨時損失	F．時価評価	G．減損会計	H．低下した
I．取得原価	J．増額	K．過大	L．減耗償却
M．増加した	N．臨時的な減額	O．臨時償却	P．期末時価
Q．費用	R．回収可能性	S．減価償却等	T．臨時的な増額

問題54 減損会計

解答…P.76 理論 計算

当期末に保有する次の機械Aおよび機械Bについて減損の兆候が認められた。機械Aおよび機械Bについて、減損損失を認識するかどうかを判定し、減損損失を認識する場合には、その金額を求めなさい。

	機械A	機械B
取得原価	450,000円	600,000円
減価償却累計額	202,500円	270,000円
割引前将来キャッシュ・フロー	225,000円	345,000円
正味売却価額	195,000円	322,500円
使用価値	180,000円	300,000円

問題55　減損会計

解答…P.77　理論　計算

次の資料にもとづき、減損損失を計上するための仕訳を示しなさい（記帳方法は直接法）。なお、計算上端数が生じる場合は、そのつど円未満を四捨五入すること。

［資　料］

⑴　当社の保有する機械Ａ（帳簿価額440,000円）について、減損の兆候がある。

⑵　当期末時点の機械Ａの時価は320,000円、処分費用は16,000円と見積られる。

⑶　機械Ａの耐用年数は当期末から３年間であり、耐用年数終了後は残存価額（80,000円）で処分されることが見込まれる。

⑷　機械Ａの使用により、今後３年間にわたり毎年90,000円のキャッシュ・フローが得られると見積っている。

⑸　将来キャッシュ・フローの現在価値は割引率３％を用いて計算する。

問題56　資産除去債務

解答…P.78　理論　計算

次の資料にもとづき、下記の各問に答えなさい。なお、会計期間は４月１日から３月31日までである。

［資　料］

⑴　×１年４月１日に機械Ａを取得し、同日より使用を開始した。機械Ａの取得原価は40,000円、耐用年数は５年であり、当社には機械Ａを使用後に除去する法的義務がある。機械Ａの除去時の支出は2,000円と見積られている。

⑵　×６年３月31日に機械Ａを除去した。機械Ａの除去にかかる支出は2,100円であった。

⑶　当社は機械Ａについて定額法（残存価額０円、耐用年数５年）で減価償却を行う（記帳方法は間接法）。なお、割引率は３％で計算し、計算上、円未満の端数が生じたときは四捨五入すること。

問１　×１年４月１日に計上される資産除去債務の金額を計算しなさい。

問２　×２年３月31日に計上される減価償却費と利息費用（時の経過による資産除去債務の増加額）および×２年３月31日における資産除去債務の金額を計算しなさい。

問３　×６年３月31日に計上される利息費用（時の経過による資産除去債務の増加額）および履行差額を計算しなさい。

第10章　リース取引

問題 57　リース取引 解答用紙あり　　解答…P.79　理論 計算

リース取引の意義を述べなさい（100字以内）。

問題 58　リース会計 解答用紙あり　　解答…P.80　理論 計算

リース会計の必要性について述べなさい（250字以内）。

問題 59　リース取引　　解答…P.80　理論 計算

当社は、下記の条件で当期首にリース会社と備品のリース契約を締結した。よって、⑴契約時、⑵リース料の支払時、および⑶決算時の仕訳を示しなさい。

［条　件］

① リース期間は６年

② リース料総額は42,000円（うち利息相当額6,000円）

③ このリース取引は、ファイナンス・リース取引であり、リース契約期間経過後、備品の所有権が当社に無償で移転する。

④ リース料は、年１回、毎期末に均等額ずつ支払う。

⑤ リース物件の耐用年数は８年、残存価額はゼロ、定額法による。

⑥ 利息の配分は、定額法による。

第11章　無形固定資産と繰延資産

問題 60　無形固定資産 解答用紙あり

解答…P.80 理論 計算

次の文章の（　　）の中に適当な記号を記入して、文章を完成させなさい。

無形固定資産とは、具体的な（　①　）をもたない経営上有用な（　②　）をいう。具体的には（　③　）およびこれに準ずるものと（　③　）ではないが経済的（　④　）があるもので形成されている。

特許権・（　⑤　）・借地権・（　⑥　）等は法的資産として、（　⑦　）は経済的資産として分類することができる。

〈用語群〉

A．長期利用目的資産	B．商標権	C．鉱業権	D．形状
E．のれん	F．優位性	G．短期利用目的資産	H．会員権
I．合併差益	J．法律上の権利	K．償却資産	

問題 61　無形固定資産の償却

解答…P.81 理論 計算

次の各取引の仕訳をしなさい（決算日：３月31日）。

(1)　当期の７月１日に取得した特許権160,000円について、償却期間８年で月割償却する。

(2)　鉱業権500,000円について、生産高比例法で償却する。なお、見積総採掘量は10,000トンで、当期の採掘量は2,000トンであった。

問題 62　無形固定資産の償却

解答…P.81　理論　計算

次の資料にもとづき、当期の財務諸表に計上されるのれん、商標権、のれん償却額、商標権償却を計算しなさい（当期：×7年4月1日～×8年3月31日）。

［資料1］決算整理前残高試算表

決算整理前残高試算表
×8年3月31日　　（単位：円）

の　れ　ん	237,000	
商　標　権	137,800	

［資料2］決算整理事項

のれんは×2年4月1日に計上したもので、償却期間20年で毎期均等額を償却している。また、商標権は×6年2月1日に計上したもので、償却期間10年で月割償却している。

問題 63　繰延資産　解答用紙あり

解答…P.82　理論　計算

繰延資産の意義を説明しなさい（350字以内）。

問題 64　繰延資産　解答用紙あり

解答…P.83　理論　計算

繰延資産として繰り延べる根拠を論じなさい（300字以内）。

問題65　繰延資産の償却

解答…P.84　理論　計算

次の資料にもとづき、当期の財務諸表に計上される開発費、株式交付費、社債発行費、開発費償却、株式交付費償却、社債発行費償却を計算しなさい（当期：×7年4月1日～×8年3月31日）。

なお、当社は、繰延資産として処理できるものは繰延資産として処理し、最長償却期間で月割償却している。

［資料1］決算整理前残高試算表

決算整理前残高試算表
×8年3月31日　　（単位：円）

開発費	240,000	
株式交付費	78,000	
社債発行費	72,000	

［資料2］決算整理事項

(1)　開発費は×6年4月1日に支出したものである。

(2)　株式交付費は×6年6月1日に支出したものである。

(3)　社債発行費は×7年9月1日に社債（満期日：×17年8月31日）を発行した際に支出したものである。社債発行費については定額法により月割償却する。

問題66　繰延資産　解答用紙あり

解答…P.84　理論　計算

次の規定の空欄を埋めなさい。

企業会計原則注解15　将来の期間に影響する特定の費用について

「将来の期間に影響する特定の費用」とは、すでに（　①　）が完了し又は（　②　）が確定し、これに対応する（　③　）を受けたにもかかわらず、その（　④　）が将来にわたって発現するものと期待される費用をいう。

これらの費用は、その効果が及ぶ数期間に合理的に配分するため、経過的に貸借対照表上（　⑤　）として計上することができる。

第12章　引当金

問題 67　引当金 解答用紙あり

解答…P.85　理論　計算

引当金に関して次の問いに答えなさい。

(1)　引当金の目的を説明しなさい。

(2)　引当金の設定要件を４つ挙げなさい。

問題 68　工事損失引当金 解答用紙あり

解答…P.85　理論　計算

次の資料により、工事契約に係る認識基準について工事進行基準を適用した場合の各年度における完成工事高、完成工事原価、完成工事損益および工事損失引当金の額を求めなさい。なお、工事損失になる場合には、金額の前に△印を付すこと。

［資　料］

(1)　工事期間３年（×１年度着工、×３年度引き渡し）

(2)　工事収益総額30,000円

(3)　各年度における発生した工事原価と、各期末現在見積った完成までに要する工事原価は次のとおりである。

	×１年度	×２年度	×３年度
各年度の発生工事原価	2,400円	16,800円	13,000円
翌年度以降完成までに要する工事原価	21,600円	12,800円	

第13章　退職給付引当金

問題 69　退職給付債務

解答…P.87　理論　計算

従業員甲は入社から当期末まで26年勤務し、当期末から４年後（入社から30年後）に退職予定である。次の資料にもとづき、従業員甲の(A)期首退職給付債務、(B)期末退職給付債務、(C)当期の勤務費用、(D)当期の利息費用を計算しなさい。

［資　料］

(1)　従業員甲の退職予定時の退職給付見込額は600,000円である。

(2)　退職給付債務の計算上、割引率は５％とする。

(3)　計算上端数が生じる場合は、円未満を四捨五入すること。

問題 70　退職給付引当金

解答…P.88　理論　計算

次の資料にもとづき、(A)期首退職給付引当金、(B)利息費用、(C)期待運用収益、(D)当期の退職給付費用、(E)期末退職給付引当金を計算しなさい。

［資　料］

(1)　期首退職給付債務　280,000円
(2)　期首年金資産（時価）　114,000円
(3)　割引率は５％、長期期待運用収益率は４％とする。
(4)　当期勤務費用　28,000円

第14章　社　債

問題 71　社債

解答…P.89　理論　計算

次の資料にもとづき、社債の金利調整差額について償却原価法（定額法）で処理した場合の、決算整理後の(A)社債利息と(B)社債の金額を計算しなさい（当期：×１年４月１日～×２年３月31日）。

［資　料］

(1)　発　行　日：×１年４月１日
(2)　満　期　日：×６年３月31日
(3)　額面金額：500,000円
(4)　払込金額：額面100円につき98円
(5)　利　払　日：毎年９月末日と３月末日
(6)　クーポン利子率：年８％
(7)　実効利子率：年8.5％

問題72　社債の満期償還

解答…P.90　理論　計算

当社（決算日３月31日）が次の条件により発行した社債について、下記(A)〜(F)の日付の仕訳を示しなさい。なお、決済はすべて当座預金口座を通じて行っているものとする。

［条　件］

(1)　発　行　日：×１年９月１日
(2)　額 面 総 額：1,000,000円
(3)　払 込 金 額：額面100円につき94.24円
(4)　年　利　率：３％（利払日は２月末日と８月末日）
(5)　償 還 期 間：６年
(6)　社債発行費：8,640円（繰延資産として処理し、社債の償還期間にわたり定額法によって月割償却する）
(7)　社債の額面金額と払込金額との差額は償却原価法（定額法）により月割償却する。

(A)　×１年９月１日（発行日）
(B)　×２年２月28日（利払日）
(C)　×２年３月31日（決算日）
(D)　×２年４月１日（期首）
(E)　×２年８月31日（利払日）
(F)　×７年８月31日（利払日、満期日）（社債発行費の償却も行う）

問題73　社債の買入償還

解答…P.91　理論　計算

次の取引について仕訳しなさい。

栃木商事株式会社（年１回３月末決算）は、×３年７月31日に額面総額600,000円の社債を額面100円につき99円で買入償還し、小切手を振り出して支払った。なお、この社債は×１年４月１日に額面100円につき98円で発行したものである。当該社債の償還期間は５年であり、額面金額と払込金額との差額（金利調整差額）は償還期間にわたって定額法により月割償却している（社債発行費については無視すること）。

第15章　純資産（資本）

問題 74　正誤問題 解答用紙あり

解答…P.91 理論 計算

次の文章について正しいものに○、間違っているものに×を記入し、×の場合にはその理由を簡潔に説明しなさい。

⑴　資本金の金額は、株式の払込金額の総額とするのが原則であるが、払込金額の２分の１を資本金に組み入れないことができる。

⑵　株式会社は利益剰余金の配当および中間配当を行う場合、資本準備金および利益準備金の合計額が資本金の４分の１に達するまで、配当または中間配当として支出する金額の10分の１を利益準備金として積み立てなければならない。

⑶　新株式申込証拠金は、資本剰余金の区分に表示する。

問題 75　新株発行の処理

解答…P.92 理論 計算

次の各取引について仕訳しなさい。

⑴　取締役会決議により、株式500株（払込金額は１株あたり1,000円）を募集したところ、600株について申込みがあった。なお、払い込まれた申込証拠金は別段預金として処理する。

⑵　上記の新株について割当てを行い、割当てにもれた申込証拠金は返還した。

⑶　払込期日に、申込証拠金を資本金および資本準備金に振り替えるとともに、別段預金を当座預金に振り替えた。なお、会社法規定の最低額を資本金とする。

問題 76　債権者持分と株主持分 解答用紙あり

解答…P.92 理論 計算

会計上の債権者持分と株主持分について、その内容を説明しなさい（320字以内）。

問題 77 剰余金の配当・処分

解答…P.93 理論 計算

次の一連の取引について仕訳しなさい。

(1) ×3年3月31日　第2期決算において、当期純利益500,000円を計上した。なお、決算整理前残高試算表の繰越利益剰余金は420,000円である。

(2) ×3年6月20日　株主総会において、繰越利益剰余金を以下のとおり配当・処分することが決議された。なお、財源は繰越利益剰余金であり、株主総会時の資本金は3,000,000円、資本準備金は350,000円、利益準備金は280,000円である。

株　主　配　当　金：300,000円
利益準備金積立額：会社法の規定額
別途積立金の積立て：130,000円

(3) ×3年6月25日　株主配当金を、小切手を振り出して支払った。

問題 78 株主資本の計数変動

解答…P.93 理論 計算

次の各取引について仕訳しなさい。

(1) 株主総会の決議により、資本金1,000,000円をその他資本剰余金に振り替えた。

(2) 株主総会の決議により、資本準備金500,000円をその他資本剰余金に振り替えた。

(3) 株主総会の決議により、利益準備金300,000円を繰越利益剰余金に振り替えた。

(4) 繰越利益剰余金△250,000円をてん補するため、株主総会の決議により、資本準備金150,000円と利益準備金100,000円を減少させた。

問題 79 自己株式の取得と処分

解答…P.94 理論 計算

次の一連の取引について仕訳しなさい。なお、当期首におけるその他資本剰余金は30,000円である。

(1) 取締役会の決議により、自社の発行済株式のうち500株を1株あたり1,000円で取得し、代金は小切手を振り出して支払った。

(2) (1)の自己株式のうち200株を1株あたり1,100円で処分し、代金は当座預金口座に振り込まれた。

(3) (1)の自己株式のうち150株を1株あたり880円で処分し、代金は当座預金口座に振り込まれた。

(4) 決算を迎えた。必要な仕訳がある場合は仕訳をすること。

問題 80　自己株式の消却

解答…P.94　理論　計算

次の取引について仕訳しなさい。

［取　引］

取締役会決議にもとづき、自己株式（帳簿価額80,000円）を消却した。なお、消却手続はすべて完了している。

問題 81　新株予約権（発行者側の処理）

解答…P.95　理論　計算

次の一連の取引について、A社の仕訳をしなさい。

(1)　A社は新株予約権を発行し、新株予約権の払込金額として1,000円が当座預金口座に振り込まれた。

(2)　(1)の新株予約権のうち40%が権利行使され、払込金額4,000円が当座預金口座に払い込まれたため、新株を発行した。なお、この新株発行に関する資本金計上額は、会社法の定める最低額とする。

(3)　(1)の新株予約権のうち30%が権利行使され、払込金額3,000円が当座預金口座に払い込まれたため、所有する自己株式（帳簿価額：2,500円）を移転した。

(4)　(1)の新株予約権のうち30%については、権利未行使のまま権利行使期間が満了した。

問題 82　新株予約権付社債（区分法）

解答…P.95　理論　計算

次の一連の取引について区分法により、A社の仕訳をしなさい。

(1)　A社は新株予約権付社債を発行し、払込金額として11,000円（社債額面総額10,000円、新株予約権1,000円）が当座預金口座に振り込まれた。

(2)　(1)の新株予約権のうち20%が行使され、払込金額2,000円が当座預金口座に払い込まれたため、新株を発行した。なお、この新株発行に関する資本金計上額は、会社法の定める最低額とする。

(3)　(1)の新株予約権のうち30%が行使され、社債額面総額の30%による代用払込を受けたため、新株を発行した。なお、この新株発行に関する資本金計上額は会社法の定める最低額とする。

第16章　決　算

問題83　精算表 解答用紙あり

解答…P.96 理論 計算

次の資料にもとづき、飯能建設株式会社の精算表を完成させなさい。事業年度は、×3年4月1日から×4年3月31日である。なお、すべての金額の単位は円である。

［決算整理事項］

(1)　受取手形および完成工事未収入金に対して2％の貸倒引当金を計上する（差額補充法）。

(2)　有形固定資産の減価償却は次のように行う。

	償却方法	償 却 率	耐用年数	残存価額	償却費の処理
建　物	定額法	－	25年	ゼロ	販売費及び一般管理費
機械装置	定率法	28%	7年	ゼロ	工事原価算入
車　両	定率法	35%	5年	ゼロ	販売費及び一般管理費

※　機械装置の減価償却費は、月次の原価計算で2,050円/月の予定計算を実施している。

月次仕訳………（未成工事支出金）　2,050（機械装置減価償却累計額）　2,050

予定計上額と実際発生額の差額は、工事原価に加減する。

(3)　有価証券はすべて乙社株式（売買目的で所有）であるが2回に分けて購入しており、時価基準によって評価する。なお、払出原価の計算は平均原価法によること。

乙社株式　1回目取得 10株　@3,750円　乙社株式の期末時価は@2,750円

　　　　　2回目取得 20株　@2,625円

(4)　当社は×1年4月1日に社債を発行しているが、その半分を×3年9月30日に@97円で買入償還している。その際に次の仕訳を行っている。

9/30の仕訳……（仮　　払　　金）24,250（現　金　預　金）24,250

※　社債発行時の条件　額面総額　50,000円　償還期限　5年

　　　　　　　　　　　払込金額　47,500円　利　　率　年2％

　　　　　　　　　　　利 払 日　9/30・3/31

額面金額と払込金額との差額は、金利調整差額と認められるため、償却原価法（定額法）を適用する。

(5)　退職給付引当金について、月額1,050円の予定計算をしている（作業員分）。当期の退職給付費用は15,000円であり、うち12,500円は工事原価、残り2,500円は一般管理費である。予定額と実際額の差額は工事原価に加減する。

(6)　当期の完成工事高に対して、0.1%の完成工事補償引当金を設定する（差額補充法）。

(7)　未成工事支出金の期末残高は462,500円である。

第17章　税効果会計

問題84　繰延税金資産　解答用紙あり　解答…P.100　理論　計算

繰延税金資産の意義と金額の算定について述べなさい（120字以内）。

問題85　空欄記入問題　解答用紙あり　解答…P.100　理論　計算

次の文章の（　　　）を下記の用語群の中から選び、解答欄に記号を記入しなさい。なお、記号は何度使用してもよい。

将来減算一時差異とは、（　①　）が発生したときに課税所得の計算上、（　②　）され、将来その差異が解消されるときに（　③　）されるものをいう。税効果会計では、逆に、差異が発生した年度の（　④　）を（　⑤　）するとともに、その差異が解消される年度の（　④　）を（　⑥　）するように処理しなければならない。

将来加算一時差異とは、（　①　）が発生したときに課税所得の計算上、（　③　）され、将来その差異が解消されるときに（　②　）されるものをいう。税効果会計では、逆に、差異が発生した年度の（　④　）を（　⑥　）するとともに、その差異が解消される年度の（　④　）を（　⑤　）するように処理しなければならない。

〈用語群〉

A．減算調整　B．法人税等　C．加算調整　D．一時差異
E．永久差異　F．繰延税金資産　G．繰延税金負債　H．法人税等調整額

問題86　税効果会計　解答用紙あり　解答…P.101　理論　計算

次の一連の取引について、(A)税効果会計に関する仕訳をし、(B)各年度期末における繰延税金資産または繰延税金負債の金額を求めなさい。なお、法人税等の実効税率は各年度ともに30%とする。

(1)　×１年度期末　完成工事未収入金20,000円に対して、1,200円の貸倒引当金を繰り入れたが、税法上の繰入限度額は200円である。期首における一時差異はない。

(2)　×２年度期末　×１年度期末の完成工事未収入金が貸し倒れ、貸倒引当金1,200円を取り崩した。また、×２年度期末の完成工事未収入金28,000円に対して、1,680円の貸倒引当金を繰り入れたが、税法上の繰入限度額は280円である。

問題 87　税効果会計

解答…P.102 理論 計算

次の一連の取引について、税効果会計に関する仕訳をしなさい。なお、法人税等の実効税率は各年度ともに30%とする。

⑴　×１年度期末　×１年度期首に車両450,000円を購入し、定額法（残存価額ゼロ、耐用年数３年）により減価償却を行ったが、税法上の法定耐用年数は５年である。

⑵　×３年度期末　上記の車両を50,000円で売却した。

問題 88　税効果会計

解答…P.102 理論 計算

次の［資料］にもとづいて、決算整理仕訳をしなさい。なお、法人税等の実効税率は各年度ともに30%とする。

［資　料］

×１年度期末に保有するその他有価証券は次のとおりである。なお、その他有価証券は全部純資産直入法によって処理する。

銘　柄	取得原価	期末時価
A社株式	8,000円	7,600円
B社株式	6,500円	7,000円

第18章　企業結合

問題 89　合併 解答用紙あり

解答…P.103 理論 計算

A社（発行済株式総数1,500株）はB社（発行済株式総数1,500株）を×1年4月1日に吸収合併した。当該企業結合は取得とされ、取得企業はA社である。次の資料にもとづき、合併後のA社の貸借対照表を作成しなさい。

［資料1］合併直前の両社の貸借対照表

貸　借　対　照　表

×1年3月31日　　　　（単位：円）

資　　産	A　社	B　社	負債・純資産	A　社	B　社
諸　資　産	1,250,000	950,000	諸　負　債	550,000	350,000
			資　本　金	450,000	400,000
			資本準備金	60,000	55,000
			利益準備金	50,000	40,000
			別途積立金	40,000	25,000
			繰越利益剰余金	100,000	80,000
	1,250,000	950,000		1,250,000	950,000

［資料2］合併に関する事項

(1)　A社はB社株主に対し、A社株式1,500株を交付する。なお、合併期日のA社株式の時価は1株あたり400円である。

(2)　A社の増加する資本のうち300,000円を資本金とし、残額を資本準備金とする。

(3)　B社の諸資産の時価（公正価値）は1,000,000円、諸負債の時価（公正価値）は420,000円である。

第19章　連結会計

問題90　連結財務諸表　解答用紙あり　解答…P.103　理論　計算

次の文章の空欄を埋めなさい。

(1)　連結財務諸表は、（　①　）関係にある二つ以上の企業からなる企業集団を単一の組織体とみなして（　②　）が当該企業集団の財政状態、経営成績及びキャッシュ・フローの状況を総合的に報告するために作成するものである。

(2)　（　②　）とは、他の企業の（　③　）を支配している企業をいい、子会社とは、当該他の企業をいう。

(3)　「他の企業の（　③　）を支配している企業」とは、他の企業の議決権の（　④　）を自己の計算において所有している企業などをいう。

(4)　（　②　）は原則としてすべての子会社を連結の範囲に含める。

(5)　子会社のうち次に該当するものは、連結の範囲に含めない。

ア．支配が（　⑤　）であると認められる企業

イ．ア以外の企業であって、連結することにより利害関係者の判断を著しく誤らせるおそれのある企業

問題91　資本連結（基本パターン）　解答用紙あり　解答…P.104　理論　計算

P社は当期末（×２年３月31日）にＳ社の発行済株式の100％を10,000円で取得し、子会社とした。次の資料にもとづき、支配獲得日の(A)連結貸借対照表の作成に必要な連結修正仕訳を示すとともに、(B)連結貸借対照表を完成させなさい。

［資料１］Ｐ社とＳ社の貸借対照表

貸借対照表

P社　×２年３月31日（単位：円）

諸資産	80,000	諸負債	50,000
S社株式	10,000	資本金	30,000
		利益剰余金	10,000
	90,000		90,000

貸借対照表

S社　×２年３月31日（単位：円）

諸資産	16,000	諸負債	6,000
		資本金	8,000
		利益剰余金	2,000
	16,000		16,000

［資料２］その他の資料

Ｓ社の諸資産と諸負債の時価は帳簿価額と一致している。

問題92　資本連結（部分所有）解答用紙あり　解答…P.104　理論　計算

Ｐ社は当期末（×２年３月31日）にＳ社の発行済株式の70％を7,000円で取得し、子会社とした。次の資料にもとづき、支配獲得日の(A)連結貸借対照表の作成に必要な連結修正仕訳を示すとともに、(B)連結貸借対照表を完成させなさい。

［資料１］Ｐ社とＳ社の貸借対照表

貸借対照表

Ｐ社　×２年３月31日（単位：円）

諸資産	83,000	諸負債	50,000
Ｓ社株式	7,000	資本金	30,000
		利益剰余金	10,000
	90,000		90,000

貸借対照表

Ｓ社　×２年３月31日（単位：円）

諸資産	16,000	諸負債	6,000
		資本金	8,000
		利益剰余金	2,000
	16,000		16,000

［資料２］その他の資料

Ｓ社の諸資産と諸負債の時価は帳簿価額と一致している。

問題93　資本連結（のれん）解答用紙あり　解答…P.105　理論　計算

Ｐ社は当期末（×２年３月31日）にＳ社の発行済株式の70％を8,000円で取得し、子会社とした。次の資料にもとづき、支配獲得日の(A)連結貸借対照表の作成に必要な連結修正仕訳を示すとともに、(B)連結貸借対照表を完成させなさい。

［資料１］Ｐ社とＳ社の貸借対照表

貸借対照表

Ｐ社　×２年３月31日（単位：円）

諸資産	82,000	諸負債	50,000
Ｓ社株式	8,000	資本金	30,000
		利益剰余金	10,000
	90,000		90,000

貸借対照表

Ｓ社　×２年３月31日（単位：円）

諸資産	16,000	諸負債	6,000
		資本金	8,000
		利益剰余金	2,000
	16,000		16,000

［資料２］その他の資料

Ｓ社の諸資産と諸負債の時価は帳簿価額と一致している。

問題 94　資本連結（評価差額）　解答用紙あり　解答…P.106　理論　計算

P社は当期末（×2年3月31日）にS社の発行済株式の70％を8,000円で取得し、子会社とした。次の資料にもとづき、支配獲得日の(A)連結貸借対照表の作成に必要な評価替えの仕訳と連結修正仕訳を示すとともに、(B)連結貸借対照表を完成させなさい。

［資料1］P社とS社の貸借対照表

貸借対照表

P社　×2年3月31日（単位：円）

諸資産	82,000	諸負債	50,000
S社株式	8,000	資本金	30,000
		利益剰余金	10,000
	90,000		90,000

貸借対照表

S社　×2年3月31日（単位：円）

諸資産	16,000	諸負債	6,000
		資本金	8,000
		利益剰余金	2,000
	16,000		16,000

［資料2］その他の資料

S社の諸資産の時価は17,000円であった（諸負債の時価は帳簿価額と一致している）。

問題 95　内部取引、債権債務の相殺消去　解答…P.106　理論　計算

P社はS社の発行済株式の80％を取得し、支配を獲得している。次の各取引について、当期の連結財務諸表を作成するための連結修正仕訳をしなさい。

(1)　P社の当期の完成工事高のうち、50,000円はS社に対するものである。

(2)　P社の当期末の短期貸付金のうち、100,000円はS社に対するものである。また、この短期貸付金にかかる受取利息1,200円と未収利息300円を計上している。

問題 96　未実現損益の消去（棚卸資産）　解答…P.107　理論　計算

P社はS社の発行済株式の80％を取得し、支配を獲得している。次の各取引について、当期の連結財務諸表を作成するための連結修正仕訳をしなさい。

(1)　S社の期末棚卸資産のうち30,000円はP社から仕入れたものである。P社は毎期30％の利益率でS社に棚卸資産を販売している。

(2)　P社の期末棚卸資産のうち30,000円はS社から仕入れたものである。S社は毎期30％の利益率でP社に棚卸資産を販売している。

第20章　共同企業体会計

問題97　共同企業体 解答用紙あり

解答…P.108 理論 計算

T社及びW社は、共同企業体（以下、JVという）を構成している。次の資料にもとづき、取引①～③の仕訳を示しなさい。なお、JV、T社、W社はそれぞれ独立会計方式で仕訳を行っている。また、解答にあたって使用する勘定科目は下記の〈勘定科目群〉から選びなさい。

［資　料］

(1)　T社はスポンサー企業、W社はサブ企業である。

(2)　出資割合はT社70%、W社30%となっている。

(3)　工事代金は1,000円であり、30%は前受金としてＪＶに入金される。

(4)　工事原価は600円である。

(5)　ＪＶにおいて発生した取引は、T社およびW社に直ちに通知し、各社においても同様に処理する。

［取　引］

①　発注者より、前受金として工事代金の30%がＪＶの当座預金に入金された。なお、構成員への分配は行わない。

②　外注工事業者に対する工事代金200円の支払いについて、各社に出資の請求をした。

③　ＪＶでは上記出資を受けた後、外注工事業者に対して当座預金より支払いを行った。

〈勘定科目群〉

完成工事未収入金、当座預金、ＪＶ出資金、T社出資金

W社出資金、工事未払金、未成工事受入金、未成工事支出金

第21章　外貨換算会計

問題 98　外貨建取引の換算

解答…P.108　理論　計算

次の一連の取引の仕訳をしなさい。

⑴　×１年６月15日に米国のＡ社から車両200ドルを輸入する契約を締結し、前渡金10ドルを現金で支払った（為替相場：１ドル140円）。

⑵　×１年６月30日に上記の車両200ドルを輸入し、前渡金10ドルを差し引いた残額を翌月末に支払うことにした（為替相場：１ドル138円）。

⑶　×１年７月31日に上記の未払金190ドルを当座預金口座から支払った（為替相場：１ドル137円）。

問題 99　外貨建取引の換算

解答…P.109　理論　計算

次の各取引の仕訳をしなさい。

⑴　×１年７月20日に米国のＢ社に建設用機械300ドルを輸出する契約を締結し、手付金30ドルが当座預金口座に振り込まれた（為替相場：１ドル130円）。

⑵　×１年８月31日に、×１年７月31日（為替相場：１ドル131円）に生じた未収入金270ドルが当座預金口座に振り込まれた（為替相場：１ドル133円）。

問題100 外貨建項目の換算 解答用紙あり

解答…P.110 理論 計算

次の資料にもとづき、決算整理後残高試算表（一部）を作成しなさい。なお、当期は×１年４月１日から×２年３月31日までである。また、決算時の為替相場は１ドルあたり130円である。

［資料１］決算整理前残高試算表（一部）

決算整理前残高試算表

×２年３月31日　　（単位：円）

現　　　金	20,000	工事未払金	62,400
完成工事未収入金	64,000	未成工事受入金	5,600
前　渡　金	4,640	長期借入金	13,200
支払利息	375		

［資料２］決算整理事項

決算整理前残高試算表の資産および負債のうち、外貨建てのものは次のとおりである。

勘定科目	帳簿価額	備　考
現　　金	9,600円（ 75ドル）	
完成工事未収入金	27,500円（220ドル）	
前　渡　金	3,870円（ 30ドル）	
工事未払金	19,050円（150ドル）	
未成工事受入金	2,620円（ 20ドル）	
長期借入金	13,200円（100ドル）	*

*　長期借入金はすべて外貨建てのものであり、借入期間は×１年９月１日から３年、利率は年６％、利払日は毎年２月末日および８月末日である。なお、当期の利払日の処理は適正に行っている。

問題101 売買目的有価証券の換算

解答…P.111 理論 計算

次の資料にもとづき、当期の財務諸表に計上される有価証券、有価証券評価益を計算しなさい。なお、当期は×1年4月1日から×2年3月31日までである。また、決算時の為替相場は1ドルあたり128円である。

［資料1］決算整理前残高試算表（一部）

決算整理前残高試算表

×2年3月31日 （単位：円）

有　価　証　券	12,700	

［資料2］決算整理事項

上記有価証券はすべて売買目的有価証券であり、その内訳は次のとおりである（すべて当期に取得したものである）。

銘　柄	取得原価	取得時の為替相場	期末時価
A社株式	40ドル	1ドルあたり130円	35ドル
B社株式	60ドル	1ドルあたり125円	65ドル

問題102 為替差異 解答用紙あり

解答…P.112 理論 計算

為替差異の処理方法として、二取引基準と一取引基準があるが、それぞれの処理を述べなさい（250字以内）。

第22章　キャッシュ・フロー計算書

問題103　キャッシュ・フロー計算書　解答用紙あり　解答…P.112　理論　計算

　次の資料にもとづき、(1)直接法および(2)間接法による営業活動によるキャッシュ・フローの区分を完成しなさい。ただし、次の資料には営業活動によるキャッシュ・フローを算定するためのすべてのデータが与えられている。なお、利息の受払いおよび配当金の受領に係るキャッシュ・フローは営業活動によるキャッシュ・フローの区分で表示するものとする。

［資　料］　　　　　　　　　　　　　　　　　　　　　　　　　　（単位：千円）

前期末売上債権	7,020	当期売上高	63,180	当期末売上債権	8,424
前期末仕入債務	4,212	当期仕入高	42,120	当期末仕入債務	3,510
前期末未払人件費	702	当期人件費	7,020	当期末未払人件費	1,404
前期末未収利息	351	当期受取利息	1,755	当期末未収利息	702
当期受取配当金	1,404				
前期末未払利息	702	当期支払利息	2,808	当期末未払利息	1,053
前期末棚卸資産	2,808	当期末棚卸資産	1,404		
前期末未払法人税等	351	当期末法人税等	2,106	当期末未払法人税等	702
減価償却費	7,020				
前期末貸倒引当金	702	当期貸倒引当金繰入額	351	当期末貸倒引当金	1,053
有形固定資産売却損	1,404				

論点別問題編

解答・解説

解答 1

1	2	3	4	5	6
ウ	キ	オ	コ	エ	ア

※２と３、５と６は順不同。

解答 2

名　称	企業実体の公準

　会計単位についての公準のことをいう。企業は、その出資者である株主や経営者から独立した１つの個別の存在であるという仮定のもと、会計中の判断や計算は、すべて企業自体の立場から行うべきとする前提をいう。また、企業主個人から独立した経済実体を会計単位とするものである。

名　称	継続企業の公準

　企業は解散や清算を予定しておらず、継続的に事業を営むものとする前提に立つ会計的思考のことをいう。今日の企業会計は、継続企業の公準を前提として期間損益計算を行っており、人為的に定めた期間ごとに区切る必要がある。減価償却計算や引当金の設定などは、継続企業を前提とした会計処理の具体例である。

名　称	貨幣的評価の公準

　企業会計では、企業の活動はすべて貨幣単位によって、統一的に計算・測定されるという前提のことをいう。なお、この公準は、貨幣価値が安定しているという仮定にもとづいているともいわれる。

解答 3

①	経営成績	⑥	明瞭
②	真実	⑦	判断
③	正規の簿記の原則	⑧	毎期継続
④	資本剰余金	⑨	不利
⑤	利益剰余金	⑩	会計記録

解答 4

	○または×	×の場合の理由
(1)	×	絶対的真実ではなく、相対的真実である。
(2)	×	棚卸法ではなく、誘導法である。
(3)	×	重要な後発事象については財務諸表に注記する。
(4)	○	
(5)	×	費用を過度に多く計上するような過度な保守主義は禁止されている。
(6)	×	提出目的によって財務諸表の形式が異なるのは単一性の原則に反するものではない。

解答 5

①	経営成績	⑧	未実現収益
②	収益	⑨	総額
③	対応	⑩	相殺
④	当期純利益	⑪	対応表示
⑤	支出	⑫	営業損益
⑥	収入	⑬	経常損益
⑦	発生	⑭	純損益

解答 6

①	財政状態	⑧	固定資産
②	資産	⑨	繰延資産
③	負債	⑩	流動負債
④	正規の簿記の原則	⑪	固定負債
⑤	簿外資産	⑫	流動性配列法
⑥	簿外負債	⑬	取得原価
⑦	流動資産	⑭	費用配分の原則

解答 7

流動性配列法とは、現金化しやすい流動的な資産・負債から順に貸借対照表に表示していく方法をいう。資産の部は流動資産、固定資産、繰延資産の順に、負債の部は流動負債、固定負債の順に配列する。
流動・固定の分類は、まず、営業循環過程のなかで発生する資産・負債を流動資産、流動負債とする。これに該当しないもののうち、貸借対照表日の翌日から起算して、1年以内に入出金の期限が到来するものを流動資産、流動負債とし、超えるものを固定資産、固定負債とする。 (240字以内)

解答 8

財産法とは、期首純資産(資本)と期末純資産(資本)の差額により期間損益を計算する方法である。この財産法による純利益の計算は、貸借対照表で行われる。実地調査による資産・負債の差額として純資産(資本)を決定し、その増減を利益として把握する。そのため、非常に正確であるが、利益発生の原因は明らかにならないという欠点がある。
損益法とは、一会計期間に発生した収益から費用を差し引いて期間損益を計算する方法である。この損益法による純利益の計算は、損益計算書で行われる。複式簿記にもとづく会計記録の中から収益と費用を発生源泉別に集計、計算し利益を算定することから、利益発生の原因は明らかになるが、実地調査を伴わないため、確実性がない。
今日の期間損益計算は、損益法による計算に、財産法の実地調査を導入し、利益発生の原因把握および算定利益の確実性を達成している。 (400字以内)

〈キーワード〉

(1) 財産法
　① 期首純資産(資本)と期末純資産(資本)の差額
　② 貸借対照表
　③ 実地調査
　④ 利益の把握が正確
(2) 損益法
　① 収益から費用を引いて計算
　② 損益計算書
　③ 発生源泉別
　④ 利益発生の原因が明らか
(3) 今日の期間損益計算
　① 損益法と財産法の併用

解答 9

問1

収支額基準によることを指している。
収支額基準とは、費用および収益の測定（金額の決定）を、支出額および収入額にもとづき測定することをいう。なお、この収入額・支出額は、当期だけのものではなく、過去・将来の収入額、支出額を含むと解釈される。（150字以内）

問2

発生した期間に正しく割り当てられる会計は、発生主義会計を指している。
発生主義会計とは、費用および収益の期間帰属を現金の収支に関係なく、発生したと認められる事実にもとづいて決定しようとする会計をいう。資金的裏づけはないが、適正な期間損益計算が可能となる。（150字以内）

解答 10

実現主義の収益計上は、次の２つの要件が満たされたときに行われる。
①財貨または用役の提供
②現金または現金同等物の受取り

解答 11

問1　費用収益対応の原則の必要性

損益法にもとづく利益計算は、費用は発生主義によって認識され、一方、収益は実現主義によって認識される。その結果、期間損益計算に計上される費用と収益との間に期間的ズレが生ずるためそれを調整し、適正な期間損益計算を図るために設けられた原則が、費用収益対応の原則である。（140字以内）

問2　工事原価が資産として次期に繰り越される場合

工事原価は、工事の施工に直接必要とされる発生費用で原価計算の対象となるものである。したがって、完成工事高に個別対応する部分のみ完成工事原価として損益計算上取り込むべきであり、当期の完成工事高に対応しない部分は、次期以降の完成工事高に対応させるために未成工事支出金として次期に繰り越すことになる。（160字以内）

解答 12

①	②	③	④	⑤	⑥
○	×	×	○	×	×

解説

〈×の理由〉

② 進捗部分についての成果の確実性が認められる場合に工事進行基準を適用し、認められない場合は工事完成基準が適用されます。

③ 短期工事においては進行基準の適用は意味をもちません（完成基準と同様な結果）。

⑤ 収益に対応させるために費用を繰り延べます。したがって、費用収益対応の原則に反しているわけではありません。

⑥ 計算が不確実となる場合、工事進行基準の適用は適切ではありません。

解答 13

収益と費用の対応関係には、個別的対応と期間的対応がある。
個別的対応とは、特定工事にかかる費用と計上される工事収益との直接的な消費関係および因果関係が成立する場合における対応関係である。
一方、期間的対応とは、特定工事に直接関連させられる費用ではなく、工事収益との期間的に対応する原価を、期間を基準として工事収益と対応させる関係である。
（200字以内）

解答 14

甲　群	乙　群	丙　群
ア	B	4
イ	C	6
ウ	E	2

解答 15

(A) 工事進行基準

	借方科目	金額	貸方科目	金額
(1)	現金	200,000	未成工事受入金	200,000
(2)	未成工事支出金	1,012,500	材料費	340,000
			労務費	430,000
			外注費	112,500
			経費	130,000
	完成工事原価	1,012,500	未成工事支出金	1,012,500
	未成工事受入金	200,000	完成工事高	1,282,500*1
	完成工事未収入金	1,082,500		
(3)	未成工事支出金	1,500,000	材料費	580,000
			労務費	495,000
			外注費	150,000
			経費	275,000
	完成工事原価	1,500,000	未成工事支出金	1,500,000
	完成工事未収入金	1,567,500	完成工事高	1,567,500*2
	現金	2,650,000	完成工事未収入金	2,650,000

*1　$2{,}850{,}000円 \times \frac{1{,}012{,}500円}{2{,}250{,}000円} = 1{,}282{,}500円$

*2　2,850,000円 − 1,282,500円 = 1,567,500円

(B) 工事完成基準

	借方科目	金額	貸方科目	金額
(1)	現金	200,000	未成工事受入金	200,000
(2)	未成工事支出金	1,012,500	材料費	340,000
			労務費	430,000
			外注費	112,500
			経費	130,000
(3)	未成工事支出金	1,500,000	材料費	580,000
			労務費	495,000
			外注費	150,000
			経費	275,000
	完成工事原価	2,512,500*	未成工事支出金	2,512,500
	未成工事受入金	200,000	完成工事高	2,850,000
	現金	2,650,000		

*　1,012,500円 + 1,500,000円 = 2,512,500円

解答 16

	第　1　期	第　2　期	第　3　期
工事収益	150,000円	303,600円	176,400円
工事原価	136,500円	269,580円	157,920円
工事利益	13,500円	34,020円	18,480円

解説

工事収益総額と工事原価総額の変更があった場合、変更があった年度以降は変更後の金額を用いて工事進捗度を計算します。

(1) **第1期**

第１期末において、工事原価総額の見積額が546,000円に変更されているので、第１期の工事収益の計算では、当初の工事原価総額の見積額ではなく、変更後の工事原価総額の見積額を用いて工事進捗度を計算します。

工事収益：$600{,}000円 \times \dfrac{136{,}500円}{546{,}000円} = 150{,}000円$

(2) **第2期**

第２期において、工事収益総額と工事原価総額の見積額が変更されているので、第２期の工事収益の計算では、変更後の工事収益総額と工事原価総額の見積額を用いて計算します。

工事収益：$630{,}000円 \times \dfrac{136{,}500円 + 269{,}580円}{546{,}000円 + 18{,}000円} = 453{,}600円$

$453{,}600円 - 150{,}000円 = 303{,}600円$

(3) **第3期**

工事収益：630,000円－（150,000円＋303,600円）＝176,400円

解答 17

①	②	③	④	⑤	⑥
B	E	A	G	L	J

※　LとJは順不同

解答 18

貨幣性資産とは、現金および現金化することを目的として所有する資産のことをいい、現金預金や金銭債権（受取手形、完成工事未収入金など）などが該当する。その評価額は収入額または回収可能額による。
一方、費用性資産とは、販売または費消されることにより費用化される資産のことをいい、棚卸資産、有形（無形）固定資産、繰延資産などが該当する。その評価額は取得原価から費用配分額を控除した額による。（200字以内）

解答 19

①	②	③	④
F	D	H	C

解答 20

問1　費用配分の原則の意義

費用配分の原則は、費用性資産の取得原価を所定の方法にしたがい、その利用期間および消費期間において、費用として計画的、規則的に配分することを要請する原則である。すなわち、有形固定資産の減価償却、繰延資産の償却、棚卸資産の消費高決定等、期間費用の測定には欠かせない原則である。（150字以内）

問2　費用配分のプロセス

費用配分は、費用性資産の取得原価を決定し、一般に公正妥当と認められた方法で、収益との対応を考慮しながら、次期繰越額を決定するまでいくつかの段階を経て完了する。公正妥当な方法とは、固定資産であれば、定額法・定率法等であり、棚卸資産の場合は、個別法・先入先出法等である。（150字以内）

解答 21

①	貸倒懸念	②	破産更生	③	貸倒実績率	④	財務内容評価

キャッシュ・フロー見積法とは、債権の元本の回収および利息の受取りに係るキャッシュ・フローを合理的に見積ることができる債権について適用され、元本の回収額および利息の受取額を、回収および受取りが見込まれる時から当期末までの期間にわたって、当初の約定利子率を割引率として割り引いた金額（割引現在価値）と債権の帳簿価額との差額を貸倒見積高とする方法である。（200字以内）

解答 22

貸倒見積高　16,000円*

＊　(60,000円－20,000円)×40％＝16,000円

解答 23

貸倒見積高　2,774円

解説

(1)　**将来の受取利息（1年分）**

50,000円×2％＝1,000円

(2)　**将来キャッシュ・フローの割引現在価値**

①1年後：$\dfrac{1{,}000\text{円}}{1+0.04} \fallingdotseq 962\text{円}$

②2年後：$\dfrac{1{,}000\text{円}}{(1+0.04)^2} \fallingdotseq 925\text{円}$

③3年後：$\dfrac{50{,}000\text{円}+1{,}000\text{円}}{(1+0.04)^3} \fallingdotseq 45{,}339\text{円}$

④割引現在価値：962円＋925円＋45,339円＝47,226円

(3)　**貸倒見積高**

50,000円－47,226円＝2,774円

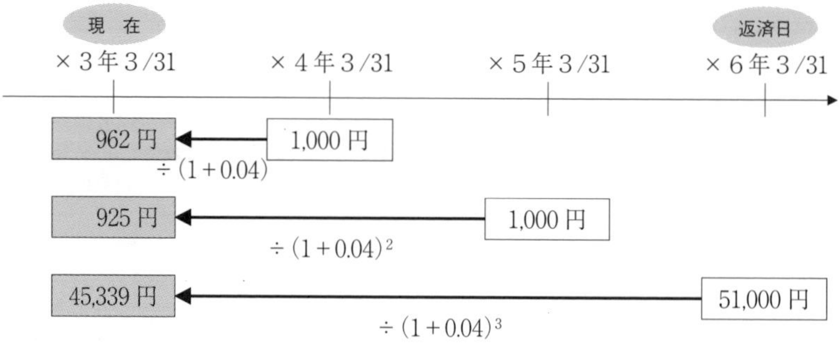

解答 24

借方科目	金額	貸方科目	金額
破産更生債権等 貸倒引当金繰入	70,000 30,000*	貸付金 貸倒引当金	70,000 30,000

＊ 70,000円－40,000円＝30,000円

解答 25

ア	公社債	オ	投資有価証券
イ	株式	カ	一年を超えて
ウ	売買目的有価証券	キ	関係会社株式
エ	一年内		

解答 26

	借方科目	金額	貸方科目	金額
(1)	有価証券	80,400＊1	未払金	80,400
(2)	有価証券	90,400＊2	未払金	90,400
(3)	現金	600	受取配当金	600
(4)	未収入金 支払手数料 有価証券売却損	148,350＊3 400 700＊5	有価証券	149,450＊4

＊1　@400円×200株＋400円＝　80,400円

＊2　@450円×200株＋400円＝　90,400円

＊3　@425円×350株－400円＝148,350円

＊4　平均単価：$\frac{80{,}400円 + 90{,}400円}{200株 + 200株}$＝@427円

　　@427円×350株＝149,450円

＊5　貸借差額

解答 27

有　価　証　券	114,800円	← 72,800円＋42,000円＝114,800円（時価）
有価証券評価損益	△1,400円＊	

＊　有価証券評価損益

	時　価		取得原価	
A社株式：	72,800円		70,000円	
B社株式：	42,000円		46,200円	
合　　計：	114,800円	－	116,200円	＝△1,400円（評価損）

解答 28

(A)　切放法

	借方科目	金額	貸方科目	金額
(1)	有価証券	40,400＊1	未払金	40,400
(2)	有価証券	800	有価証券評価損益	800＊2
(3)	仕訳なし			
(4)	未収入金	31,100＊3	有価証券 有価証券売却益	30,900＊4 200

(B)　洗替法

	借方科目	金額	貸方科目	金額
(1)	有価証券	40,400＊1	未払金	40,400
(2)	有価証券	800	有価証券評価損益	800＊2
(3)	有価証券評価損益	800	有価証券	800
(4)	未収入金	31,100＊3	有価証券 有価証券売却益	30,300＊5 800

＊1　@100円×400株＋400円＝40,400円

＊2　@103円×400株－40,400円＝800円

＊3　@105円×300株－400円＝31,100円

＊4　(40,400円＋800円)×$\frac{300株}{400株}$＝30,900円

＊5　40,400円×$\frac{300株}{400株}$＝30,300円

解答 29

未収収益	400円		
投資有価証券	38,980円	←	38,800円＋180円
有価証券利息	1,380円	←	800円＋400円＋180円

解説

(1) 有価証券利息の見越し

$$40{,}000円 \times 4\% \times \frac{3カ月（×3年1/1～3/31）}{12カ月} = 400円$$

（未　収　収　益）　400　（有 価 証 券 利 息）　400

(2) 金利調整差額の償却

金利調整差額：40,000円－38,800円＝1,200円

$$当期償却額：1{,}200円 \div 5年 \times \frac{9カ月（×2年7/1～×3年3/31）}{12カ月} = 180円$$

（投 資 有 価 証 券）　180　（有 価 証 券 利 息）　180

解答 30

(A) 全部純資産直入法

	借方科目	金額	貸方科目	金額
(1)	投資有価証券	40,000	当座預金	40,000
(2)	投資有価証券	50,000	当座預金	50,000
(3)	投資有価証券 その他有価証券評価差額金	2,000 3,000＊2	その他有価証券評価差額金 投資有価証券	2,000＊1 3,000
(4)	その他有価証券評価差額金 投資有価証券	2,000 3,000	投資有価証券 その他有価証券評価差額金	2,000 3,000
(5)	その他有価証券評価差額金 投資有価証券	1,500＊3 1,000	投資有価証券 その他有価証券評価差額金	1,500 1,000＊4

(B) 部分純資産直入法

	借方科目	金額	貸方科目	金額
(1)	投資有価証券	40,000	当座預金	40,000
(2)	投資有価証券	50,000	当座預金	50,000
(3)	投資有価証券 投資有価証券評価損	2,000 3,000＊2	その他有価証券評価差額金 投資有価証券	2,000＊1 3,000
(4)	その他有価証券評価差額金 投資有価証券	2,000 3,000	投資有価証券 投資有価証券評価損	2,000 3,000
(5)	投資有価証券評価損 投資有価証券	1,500＊3 1,000	投資有価証券 その他有価証券評価差額金	1,500 1,000＊4

＊1　A社株式：42,000円－40,000円＝2,000円（評価益）
＊2　B社株式：47,000円－50,000円＝△3,000円（評価損）
＊3　A社株式：38,500円－40,000円＝△1,500円（評価損）
＊4　B社株式：51,000円－50,000円＝1,000円（評価益）

解答 31

投資有価証券	138,250円	← 72,800円＋65,450円
その他有価証券評価差額金	5,600円	
投資有価証券評価損	3,570円	

解説

(1) D社株式

（投資有価証券）　5,600　（その他有価証券評価差額金）　5,600＊

＊　72,800円－67,200円＝5,600円（評価益）

(2) E社株式

（投資有価証券評価損）　3,570＊　（投資有価証券）　3,570

＊　65,450円－69,020円＝△3,570円（評価損）

解答 32

投資有価証券	22,340円	← H社株式実質価額
子会社株式	114,600円	← 75,600円（F社株式（取得原価））＋39,000円（G社株式（時価））
投資有価証券評価損	24,510円	
子会社株式評価損	42,000円	

解説

(1) F社株式（子会社株式、強制評価減なし）

仕訳なし

(2) G社株式（子会社株式、強制評価減あり）

（子会社株式評価損）　42,000＊　（子会社株式）　42,000

＊　39,000円－81,000円＝△42,000円

(3) H社株式（その他有価証券、実価法）

（投資有価証券評価損）　24,510　（投資有価証券）　24,510＊

＊　①純資産：982,000円－758,600円＝223,400円

②実質価額：223,400円×10％＝22,340円

③22,340円－46,850円＝△24,510円（評価損）

解答 33

ア	時価	キ	洗替方式
イ	当期の損益	ク	純資産の部
ウ	取得原価	ケ	純資産の部
エ	償却原価法	コ	当期の損失
オ	取得原価	サ	債権
カ	時価	シ	取得原価

解答 34

	借 方 科 目	金 額	貸 方 科 目	金 額
(1)	支 払 利 息 現 金	2,500＊1 500	現 金 支 払 利 息	2,500 500＊2
(2)	金利スワップ資産	136	金利スワップ差損益	136

＊1　100,000円×2.5％＝2,500円

＊2　B銀行に支払う利息：100,000円×２％＝2,000円（固定金利の支払い）
B銀行から受け取る利息：100,000円×2.5％＝2,500円（変動金利の受け取り）
金利の差額：2,500円－2,000円＝500円

解答 35

①	②	③	④	⑤
C	B	I	F	L

解答 36

	借方科目	金額	貸方科目	金額
(A)	投資有価証券	199,600	当座預金	199,600
	先物取引差入証拠金	300	当座預金	300
(B)	その他有価証券評価差額金	1,400	投資有価証券	1,400[*1]
	先物取引差金	1,200	繰延ヘッジ損益	1,200[*2]
(C)	投資有価証券	1,400	その他有価証券評価差額金	1,400
	繰延ヘッジ損益	1,200	先物取引差金	1,200
(D)	当座預金 投資有価証券売却損益	196,500 3,100	投資有価証券	199,600
	当座預金 当座預金	300 3,000	先物取引差入証拠金 投資有価証券売却損益 （または先物損益）	300 3,000[*3]

★　上段（破線よりも上）は国債（現物）の仕訳、下段（破線よりも下）は国債先物の仕訳を表します。

＊1　198,200円－199,600円＝△1,400円

＊2　192,000円－190,800円＝1,200円（益）

＊3　192,000円－189,000円＝3,000円（益）

解答 37

　購入した材料貯蔵品は、購入代価に副費（付随費用）の一部または全部を加算することにより取得原価が算定される。
　一方、未成工事支出金は、適正な原価計算基準の手続きによって算定された価額をもって取得原価とする。　（120字以内）

解答 38

　先入先出法とは、先に取得したものから先に消費されると仮定して消費単価を計算する方法である。したがって、貸借対照表価額は最近取得したものから計算される。実際の物の流れと一致しているという長所があるが、インフレーションのときに保有利益を計上する欠点がある。　（150字以内）

〈キーワード〉

①　仮定して計算

②　インフレーション

③　保有利益

解答 39

棚卸減耗費	700円
材料評価損	2,170円

解説

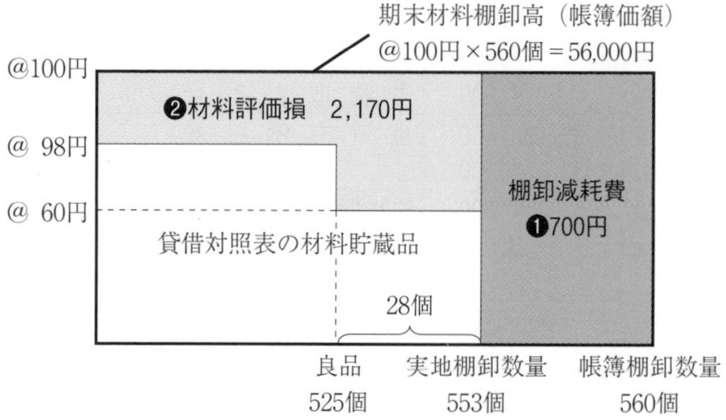

❶棚卸減耗費：@100円×（560個－553個）＝700円

❷材料評価損（良　　　品）：（@100円－98円）×525個＝1,050円

（品質低下品）：（@100円－60円）× 28個＝1,120円

2,170円

解答 40

①	②	③	④	⑤	⑥	⑦	⑧
H	J	B	J	E	G	L	Q
⑨	⑩	⑪	⑫	⑬	⑭	⑮	⑯
C	D	P	F	A	K	N	R

解答 41

	借方科目	金額	貸方科目	金額
(1)	土地 建物	15,000[*1] 5,000[*2]	当座預金	20,000
(2)	土地	10,000	資本金	10,000[*3]
(3)	土地	4,500	土地	4,500
(4)	土地	15,000[*4]	投資有価証券 投資有価証券売却益	12,000[*5] 3,000[*6]
(5)	土地	20,000	固定資産受贈益	20,000

＊1
$$20{,}000\text{円}\times\frac{18{,}000\text{円}}{18{,}000\text{円}+6{,}000\text{円}}=15{,}000\text{円}$$

＊2
$$20{,}000\text{円}\times\frac{6{,}000\text{円}}{18{,}000\text{円}+6{,}000\text{円}}=5{,}000\text{円}$$

＊3　@20円×500株＝10,000円

＊4　@150円×100株＝15,000円

＊5　@120円×100株＝12,000円

＊6　貸借差額

解答 42

> 　減価償却とは、費用配分の原則にもとづいて有形固定資産の取得原価をその耐用期間における各事業年度に配分する手続きである。減価償却は、適正な期間損益計算を行うため、毎期規則的に実施される。
> 　有形固定資産の価値減少の原因として、物質的減価と機能的減価が挙げられる。
> 　物質的減価とは、当該固定資産の利用及び時間の経過による摩滅、損耗を原因とする価値の減少である。
> 　機能的減価とは、外部要因により当該固定資産が陳腐化、不適応化し価値の減少を引き起こす場合を指す。　(300字以内)

〈キーワード〉

① 費用配分の原則
② 各事業年度に配分
③ 物質的減価
④ 利用及び時間の経過
⑤ 摩滅、損耗
⑥ 機能的減価
⑦ 外部要因
⑧ 陳腐化、不適応化

解答 43

(1)	ア	定額法	イ	均等額
(2)	ウ	定率法	エ	未償却残高
(3)	オ	級数法	カ	定率法
(4)	キ	生産高比例法	ク	利用

解答 44

	借方科目	金額	貸方科目	金額
(1)	備品	4,800	当座預金 現金	4,500* 300
(2)	建物	20,000	建設仮勘定 当座預金	8,000 12,000

＊ 5,000円－500円＝4,500円

解答 45

問1　1年目：56,250円　2年目：56,250円
問2　1年目：125,000円　2年目：93,750円
問3　1年目：81,000円　2年目：74,250円
問4　1年目：90,000円　2年目：72,000円

解説

問1　定額法

1年目、2年目：(500,000円－50,000円) ÷8年＝56,250円

問2　定率法

1年目：500,000円×0.25＝125,000円

2年目：(500,000円－125,000円) ×0.25＝93,750円

問3　生産高比例法

1年目：$270{,}000円 \times \frac{6{,}000\text{km}}{20{,}000\text{km}} = 81{,}000円$

2年目：$270{,}000円 \times \frac{5{,}500\text{km}}{20{,}000\text{km}} = 74{,}250円$

問4　級数法

1年目：$270{,}000円 \times \frac{5}{5+4+3+2+1} = 90{,}000円$

2年目：$270{,}000円 \times \frac{4}{5+4+3+2+1} = 72{,}000円$

解答 46

減価償却費　200,000円*

＊ ①償却率：1÷5年×2＝0.4
②減価償却費：500,000円×0.4＝200,000円

解答 47

問1　6年　問2　420,000円

解説

問1　平均耐用年数

	要償却額	1年分の減価償却費
A機械	360,000円	360,000円÷3年＝120,000円
B機械	720,000円	720,000円÷6年＝120,000円
C機械	1,440,000円	1,440,000円÷8年＝180,000円
合　計	2,520,000円	420,000円

平均耐用年数：$\frac{2,520,000円}{420,000円}=6年$

問2　総合償却による減価償却費の計算

減価償却費：$\frac{2,520,000円}{6年}=420,000円$

解答 48

備　品	480,000円	
備品減価償却累計額	252,000円	← 162,000円＋90,000円
減価償却費	90,000円*	

＊　減価償却費：(480,000円－48,000円－162,000円)÷3年＝90,000円

解答 49

	借方科目	金額	貸方科目	金額
(1)	現金	150,000	備品	400,000
	未収入金	150,000		
	備品減価償却累計額	90,000		
	減価償却費	7,500		
	固定資産売却損	2,500		
(2)	備品減価償却累計額	108,000	備品	180,000
	減価償却費	36,000		
	貯蔵品	30,000		
	固定資産除却損	6,000		
(3)	車両	799,500	車両	600,000
	車両減価償却累計額	292,800	現金	560,000
	減価償却費	15,360		
	固定資産売却損	52,340		

解説

(1) 備品の売却

①1年分の減価償却費：(400,000円－40,000円) ÷ 8年＝45,000円

②期首の減価償却累計額：45,000円×2年 ＝90,000円

③当期分の減価償却費：$45{,}000円 \times \dfrac{2カ月（×3年4/1〜5/31）}{12カ月} = 7{,}500円$

(2) 備品の除却

①1年分の減価償却費：180,000円÷5年＝36,000円

②期首の減価償却累計額：36,000円×3年＝108,000円

③当期分の減価償却費（1年分）：36,000円

(3) 車両の買換え

① 旧車両の売却の仕訳

(車両減価償却累計額)	292,800	(車　両)	600,000
(減価償却費)	15,360＊1		
(現　金)	239,500＊2		
(固定資産売却損)	52,340		

＊1 $(600{,}000円 - 292{,}800円) \times 20\% \times \dfrac{3カ月（×5年4/1〜6/30）}{12カ月} = 15{,}360円$

＊2 時価

② 新車両の購入の仕訳

下取価格と時価との差額は値引として処理します。

（車　　　両）	799,500＊3	（現　　　金）	799,500

＊3　800,000円－（240,000円－239,500円）＝799,500円

上記の①と②の仕訳をあわせた仕訳が解答の仕訳です。

解答 50

減価償却費	124,750円	← 43,750円＋81,000円＝124,750円
貯蔵品売却益	15,000円	
備品除却損	46,250円	
備　　　品	810,000円	
備品減価償却累計額	162,000円	← 81,000円（前T/B）＋81,000円＝162,000円

解説

(1) 備品の除却（正しい仕訳）

期中に備品を除却しているにもかかわらず、当期分の減価償却費を計上していないので、正しい仕訳をします（この問題は修正仕訳をしなくても解答の金額を求めることができるので、修正仕訳は省略します）。

（備品減価償却累計額）	600,000	（備　　　品）	750,000
（減価償却費）	43,750＊1		
（貯　蔵　品）	60,000		
（備品除却損）	46,250＊2		

＊1　$750{,}000円 \div 10年 \times \frac{7カ月}{12カ月} = 43{,}750円$

＊2　貸借差額

(2) 残っている備品の減価償却費の計上

（減価償却費）	81,000＊	（備品減価償却累計額）	81,000

＊　810,000円÷10年＝81,000円

解答 51

	借方科目	金額	貸方科目	金額
(1)	火災未決算	138,000	建物	138,000＊1
(2)	未収入金 火災損失	100,000 38,000	火災未決算	138,000
(3)	建物減価償却累計額 減価償却費 火災未決算	252,000 4,500＊2 143,500	建物	400,000
(4)	未収入金	200,000	火災未決算 保険差益	143,500 56,500

＊1　300,000円－162,000円＝138,000円

＊2　(400,000円－40,000円) ÷20年× $\frac{3カ月}{12カ月}$ ＝4,500円

解答 52

取替資産とは、同種の物品が多数集まって一つの全体を構成し、老朽品の部分的取替を繰り返すことにより全体が維持される固定資産をいう。

取替資産は、取替えに要する費用を支出しつづけることで維持される資産であるから、減価償却は行わず、常に取得時の価額が維持される特徴がある。

(160字以内)

解答 53

①	②	③	④	⑤	⑥
I	S	B	H	R	C
⑦	⑧	⑨	⑩	⑪	
K	D	G	F	N	

解答 54

機械Ａの減損損失	52,500円
機械Ｂの減損損失	0円

解説

(1) **機械Ａの減損損失**

① **減損損失の認識**

ⓐ帳簿価額：450,000円－202,500円＝247,500円

ⓑ割引前将来キャッシュ・フロー（CF）：225,000円

ⓒ247,500円 ＞ 225,000円 → 減損損失を認識する

② **減損損失の測定**

ⓐ回収可能価額：195,000円 ＞ 180,000円 → 195,000円

正味売却価額　使用価値

ⓑ減　損　損　失：247,500円－195,000円＝52,500円

帳簿価額　回収可能価額

(2) **機械Ｂ**

① **減損損失の認識**

ⓐ帳簿価額：600,000円－270,000円＝330,000円

ⓑ割引前将来キャッシュ・フロー（CF）：345,000円

ⓒ330,000円 ＜ 345,000円 → 減損損失を認識しない

② **減損損失の測定**

減損損失を認識しないため、減損損失は計上されません。

解答 55

借方科目	金額	貸方科目	金額
減損損失	112,213	機械	112,213

解説

(1) **減損損失の認識**

①帳簿価額：440,000円

②割引前将来キャッシュ・フロー（CF）：90,000円×３年＋80,000円＝350,000円

③440,000円 ＞ 350,000円 → 減損損失を認識する

(2) **減損損失の測定**

①正味売却価額：320,000円－16,000円＝304,000円

②使用価値：327,787円（下図参照）← 割引後将来キャッシュ・フロー

③回収可能価額：304,000円（正味売却価額）＜ 327,787円（使用価値）→ 327,787円

減損損失：440,000円（帳簿価額）－ 327,787円（回収可能価額）＝112,213円

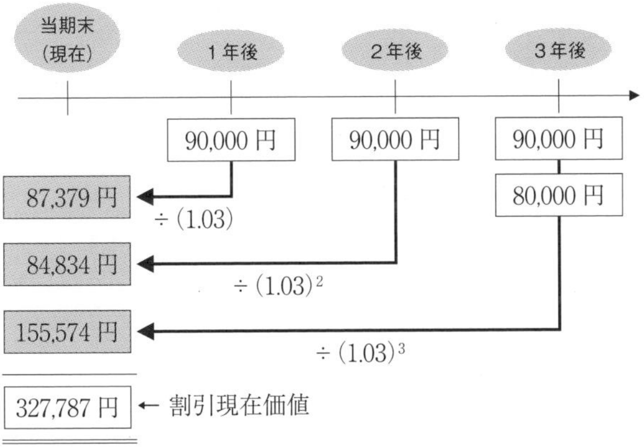

解答 56

問１	資産除去債務	1,725円		
問２	減価償却費	8,345円	利息費用	52円
	資産除去債務	1,777円		
問３	利息費用	58円	履行差額	100円

解説

⑴　×１年４月１日の仕訳

資産除去債務：$\dfrac{2{,}000\text{円}}{(1+0.03)^{5}}$ ≒ 1,725円 … 問１

（機　　械）	41,725	（現　金　預　金）	40,000
		（資産除去債務）	1,725

⑵　×２年３月31日の仕訳

①　減価償却費の計上

減価償却費：41,725円÷５年＝8,345円 … 問２

（減価償却費）	8,345	（機械減価償却累計額）	8,345

②　時の経過による資産除去債務の増加額（利息費用）

利息費用：1,725円×３％≒52円 … 問２

（利　息　費　用）	52	（資産除去債務）	52

資産除去債務：1,725円＋52円＝1,777円 … 問２

⑶　×３年３月31日の仕訳

①　減価償却費の計上

減価償却費：41,725円÷５年＝8,345円

（減価償却費）	8,345	（機械減価償却累計額）	8,345

②　時の経過による資産除去債務の増加額（利息費用）

利息費用：1,777円×３％≒53円

（利　息　費　用）	53	（資産除去債務）	53

資産除去債務：1,777円＋53円＝1,830円

⑷　×４年３月31日の仕訳

①　減価償却費の計上

減価償却費：41,725円÷５年＝8,345円

（減価償却費）	8,345	（機械減価償却累計額）	8,345

②　時の経過による資産除去債務の増加額（利息費用）

利息費用：1,830円×３％≒55円

（利　息　費　用）	55	（資産除去債務）	55

資産除去債務：1,830円＋55円＝1,885円

⑸　×５年３月31日の仕訳

①　減価償却費の計上

減価償却費：41,725円÷５年＝8,345円

（減　価　償　却　費）	8,345	（機械減価償却累計額）	8,345

② **時の経過による資産除去債務の増加額（利息費用）**

利息費用：1,885円×３％≒57円

（利　　息　　費　　用）	57	（資　産　除　去　債　務）	57

資産除去債務：1,885円＋57円＝1,942円

(6) **×６年３月31日の仕訳**

① **減価償却費の計上**

減価償却費：41,725円÷５年＝8,345円

（減　価　償　却　費）	8,345	（機械減価償却累計額）	8,345

② **時の経過による資産除去債務の増加（利息費用）**

利息費用：1,942円×３％≒58円 … **問３**

（利　　息　　費　　用）	58	（資　産　除　去　債　務）	58

資産除去債務：1,942円＋58円＝2,000円

③ **資産の除去**

減価償却累計額（帳簿価額）：

8,345円＋8,345円＋8,345円＋8,345円＋8,345円＝41,725円

（機械減価償却累計額）	41,725	（機　　　　　　　　械）	41,725

④ **資産除去債務の履行**

（資　産　除　去　債　務）	2,000	（現　　金　　預　　金）	2,100
（履　　行　　差　　額）	100 … **問３**		

解答 57

リース取引とは、特定の物件の所有者たる貸手（レッサー）が、その物件の借手（レッシー）に対し、リース期間にわたりこれを使用収益する権利を与え、借手は、リース料を貸手に支払う取引をいう。（100字以内）

解答 58

リース取引の内容が複雑になり、リース取引は、単なる物件の賃貸借というだけでなく、金融取引としての性格が強くなってきている。リース取引の契約内容も、契約期間の長期化、中途解約の不能、最終的に物件が借手に帰属するというような条件が含まれるようになったため、従来のように、リース料の授受だけを記録し報告書を作成すると、リース物件は貸借対照表に記録されず利害関係者の判断を誤らせる可能性がある。そこで、リース資産を貸借対照表に計上し、利害関係者の判断を誤らせないためにリース会計は必要になってきたのである。

(250字以内)

解説

ファイナンス・リース取引をイメージしてください。
賃貸借処理ではなく、売買処理をしている理由が、リース会計の必要性になります。

解答 59

	借方科目	金額	貸方科目	金額
(1)	リース資産	36,000＊1	リース債務	36,000
(2)	支払利息 リース債務	1,000＊3 6,000＊4	現金預金	7,000＊2
(3)	減価償却費	4,500＊5	減価償却累計額	4,500

＊1　42,000円〈リース料総額〉－6,000円〈利息相当額〉＝36,000円
＊2　42,000円〈リース料総額〉÷６年〈リース期間〉＝7,000円
＊3　6,000円〈利息相当額〉÷６年〈リース期間〉＝1,000円
＊4　7,000円－1,000円＝6,000円〈リース債務の減少額〉
＊5　36,000円〈リース資産〉÷８年〈耐用年数〉＝4,500円

解答 60

①	②	③	④	⑤	⑥	⑦
D	A	J	F	B	C	E

＊　B、Cは順不同

解答 61

	借方科目	金額	貸方科目	金額
(1)	特許権償却	15,000＊1	特許権	15,000
(2)	鉱業権償却	100,000＊2	鉱業権	100,000

＊1　160,000円÷8年×$\frac{\text{9カ月}}{\text{12カ月}}$＝15,000円

＊2　500,000円×$\frac{\text{2,000トン}}{\text{10,000トン}}$＝100,000円

解答 62

のれん	221,200円
商標権	122,200円
のれん償却額	15,800円
商標権償却	15,600円

解説

(1)　**のれんの償却**

×2年4月1日から×7年3月31日（前期末）までの5年分は償却済みです。

（のれん償却額）　15,800＊　（のれん）　15,800

＊　237,000円÷（20年－5年）＝15,800円

(2)　**商標権の償却**

×6年2月1日から×7年3月31日（前期末）の14カ月分は償却済みです。

（商標権償却）　15,600＊　（商標権）　15,600

＊　137,800円×$\frac{\text{12カ月}}{\text{10年×12カ月－14カ月}}$＝15,600円

解答 63

> 繰延資産とは、将来の期間に影響する特定の費用を次期以降の期間に配分して処理するため、経過的に貸借対照表の資産の部に記載するものである。
> 将来の期間に影響する特定の費用とは、すでに代価の支払いが完了しまたは支払義務が確定し、これに対応する役務の提供を受けたにもかかわらず、その効果が将来にわたって発現するものと期待される費用をいう。
> 繰延資産は、特定費用が当期の収益よりもむしろ次期以降の収益に貢献するであろうと予測される場合、当該費用を一会計期間で一括費用処理するのではなく、数期間に分割して費用計上しようとするものである。
> したがって、いったん資産計上し償却の手続きをもって費用化していく手法である。 (350字以内)

〈キーワード〉

① 将来の期間に影響する
② 特定の費用
③ 経過的に資産計上
④ 効果が将来にわたって発現
⑤ 次期以降の収益に貢献
⑥ 数期間に分割
⑦ 償却の手続き

解答 64

繰延資産として繰延経理する根拠として次の２つが挙げられる。
ある支出が行われ、また、それによって役務の提供を受けたにもかかわらず、支出もしくは役務の有する効果が当期のみならず次期以降にわたるものと予想される場合、効果の発現という事実を重視して、効果の及ぶ期間にわたる費用としてこれを配分する。
ある支出が行われ、また、それによって役務の提供を受けたにもかかわらず、その金額が当期の収益に全く貢献せず、むしろ次期以降の損益に関係するものと予想される場合、収益との対応関係を重視して、数期間の費用としてこれを配分する。費用収益対応および費用配分の両原則が繰延経理の根拠となる。
(300字以内)

〈キーワード〉
① 効果の発現
② 効果の及ぶ期間
③ 費用としてこれを配分
④ 次期以降の損益に関係
⑤ 収益との対応関係
⑥ 費用としてこれを配分

解答 65

開　　発　　費	180,000円
株 式 交 付 費	42,000円
社 債 発 行 費	67,800円
開 発 費 償 却	60,000円
株式交付費償却	36,000円
社債発行費償却	4,200円

解説

(1) **開発費の償却**

開発費は支出後5年以内に償却します。なお、×6年4月1日から×7年3月31日（前期末）までの1年分は償却済みです。

（開 発 費 償 却）	60,000*	（開　　発　　費）	60,000

＊　240,000円÷（5年－1年）＝60,000円

(2) **株式交付費の償却**

株式交付費は支出後3年以内に償却します。なお、×6年6月1日から×7年3月31日（前期末）までの10カ月分は償却済みです。

（株 式 交 付 費 償 却）	36,000*	（株 式 交 付 費）	36,000

＊　$78{,}000\text{円}\times\dfrac{12\text{カ月}}{3\text{年}\times 12\text{カ月}-10\text{カ月}}=36{,}000\text{円}$

(3) **社債発行費の償却**

社債発行費は社債の償還期間内に償却します。

（社 債 発 行 費 償 却）	4,200*	（社 債 発 行 費）	4,200

＊　$72{,}000\text{円}\div 10\text{年}\times\dfrac{7\text{カ月}}{12\text{カ月}}=4{,}200\text{円}$

解答 66

①	代価の支払	②	支払義務	③	役務の提供
④	効果	⑤	繰延資産		

解答 67

(1) 引当金の目的を説明しなさい。

引当金は、将来の特定の費用または損失に備えて、当期の負担額を計上する。将来の事由であってもその原因が当期以前に発生している場合、適正な期間損益計算を目的として設定される。

(2) 引当金の設定要件を4つ挙げなさい。

① 将来の特定の費用または損失であること。

② その発生原因が当期以前の事象に起因すること。

③ その発生の可能性が高いこと。

④ その金額を合理的に見積ることができること。

解答 68

(単位：円)

	×1年度	×2年度	×3年度
完成工事高	3,000	15,000	12,000
完成工事原価	2,400	17,600	12,200
完成工事損益	600	△2,600	△200
工事損失引当金	0	800	0

解説

(1) 工事進捗度

① 1年度の工事進捗度

2,400円〈1年度発生工事原価〉+ 21,600円〈完成までに要する原価〉

= 24,000円〈工事原価総額〉

$$\frac{2,400\text{円}\langle 1\text{年度発生工事原価}\rangle}{24,000\text{円}\langle\text{工事原価総額}\rangle} = 0.1$$

② 2年度の工事進捗度

2,400円〈1年度発生工事原価〉+ 16,800円〈2年度発生工事原価〉

= 19,200円〈2年度発生工事原価累計額〉

19,200円〈2年度発生工事原価累計額〉+ 12,800円〈完成までに要する原価〉

= 32,000円〈工事原価総額〉

$$\frac{19,200\text{円}\langle 2\text{年度発生工事原価累計額}\rangle}{32,000\text{円}\langle\text{工事原価総額}\rangle} = 0.6$$

③ 3年度の工事進捗度

3年度は工事の完成年度（引渡年度）なので、1となります。

(2) 完成工事高・完成工事原価・完成工事損益（工事損失引当金設定前）

① 1年度の完成工事高・完成工事原価・完成工事損益

完成工事高	3,000円	＝30,000円×0.1
完成工事原価	2,400円	＝1年度発生工事原価
完成工事損益	600円	

② 2年度の完成工事高・完成工事原価・完成工事損益

完成工事高	15,000円	＝30,000円×0.6－3,000円
完成工事原価	16,800円	＝2年度発生工事原価
完成工事損益	△1,800円	

③ 3年度の完成工事高・完成工事原価・完成工事損益

完成工事高	12,000円	＝30,000円－3,000円－15,000円
完成工事原価	13,000円	＝3年度発生工事原価
完成工事損益	△1,000円	

(3) 工事損失引当金の設定

① 1年度の工事損失引当金

24,000円〈工事原価総額〉＜30,000円〈工事収益総額〉

∴工事損失引当金は設定しません。

完成工事高	3,000円	＝30,000円×0.1
完成工事原価	2,400円	＝1年度発生工事原価のまま
完成工事損益	600円	

② 2年度の工事損失引当金

32,000円〈工事原価総額〉＞30,000円〈工事収益総額〉

∴工事損失引当金を設定します。

(32,000円－30,000円)＋600円〈1年度完成工事利益〉－1,800円〈2年度完成工事損失〉
2,000円〈見積工事損失〉

＝800円〈2年度工事損失引当金〉

(完成工事原価) 工事損失引当金繰入	800	(工事損失引当金)	800

完成工事高	15,000円	
完成工事原価	17,600円	＝16,800円〈2年度発生工事原価〉＋800円〈繰入〉
完成工事損益	△2,600円	

③ 3年度の工事損失引当金

3年度は工事の完成年度（引渡年度）で、工事損失が確定したので、工事損失引当金の残高を取り崩します。

(工事損失引当金)	800	(完成工事原価) 工事損失引当金戻入	800

完成工事高	12,000円	
完成工事原価	12,200円	＝13,000円〈3年度発生工事原価〉－800円〈戻入〉
完成工事損益	△200円	

解答 69

(A)	期首退職給付債務	391,763円	(C)	当期の勤務費用	16,454円
(B)	期末退職給付債務	427,805円	(D)	当期の利息費用	19,588円

解説

(A) 期首退職給付債務

当期末まで26年勤務しているということは、当期首まで25年勤務していることになります。したがって、退職予定時の退職給付見込額600,000円（30年分）のうち、25年分を当期首から退職予定時までの５年で割り引きます。

①$600{,}000円 \times \dfrac{25年}{30年} = 500{,}000円$

②$\dfrac{500{,}000円}{(1 + 0.05)^5} \fallingdotseq 391{,}763円$

(B) 期末退職給付債務

当期末まで26年勤務しているので、退職予定時の退職給付見込額600,000円（30年分）のうち、26年分を当期末から退職予定時までの４年で割り引きます。

①$600{,}000円 \times \dfrac{26年}{30年} = 520{,}000円$

②$\dfrac{520{,}000円}{(1 + 0.05)^4} \fallingdotseq 427{,}805円$

(C) 当期の勤務費用

１年分の退職給付見込額を当期末から退職予定時までの４年で割り引きます。

①$600{,}000円 \div 30年 = 20{,}000円$

②$\dfrac{20{,}000円}{(1 + 0.05)^4} \fallingdotseq 16{,}454円$

(D) 当期の利息費用

期首退職給付債務に割引率を掛けて、当期の利息費用を計算します。

$391{,}763円 \times 5\% \fallingdotseq 19{,}588円$

解答 70

(A)	期首退職給付引当金	166,000円	(D)	当期の退職給付費用	37,440円
(B)	利　息　費　用	14,000円	(E)	期末退職給付引当金	203,440円
(C)	期待運用収益	4,560円			

解説

(A)　**期首退職給付引当金**

280,000円－114,000円＝166,000円

(B)　**利息費用**

280,000円×５％＝14,000円

(C)　**期待運用収益**

114,000円×４％＝4,560円

(D)　**当期の退職給付費用**

28,000円（勤務費用）＋14,000円（利息費用）－4,560円（期待運用収益）＝37,440円

(E)　**期末退職給付引当金**

166,000円（期首退職給付引当金）＋37,440円（退職給付費用）＝203,440円

年　金　資　産

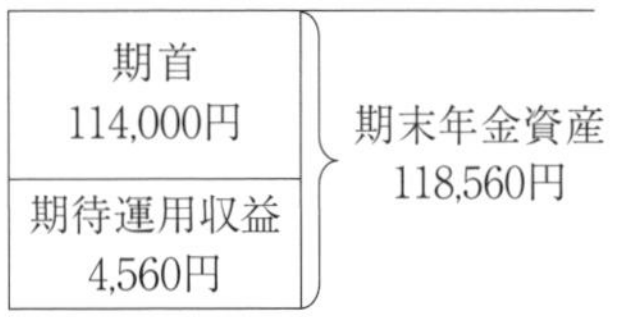

退職給付債務

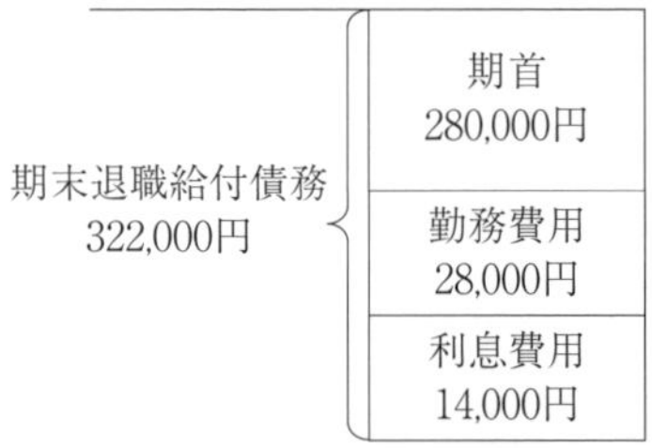

退職給付費用

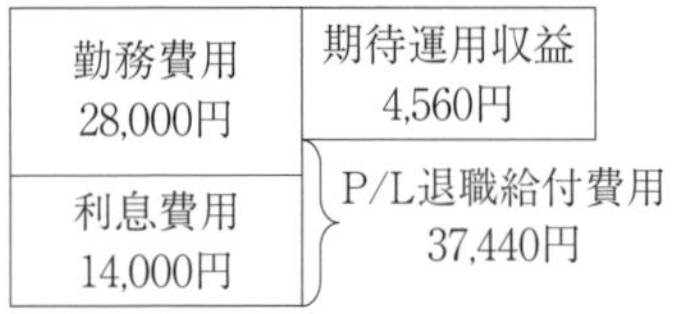

退職給付引当金

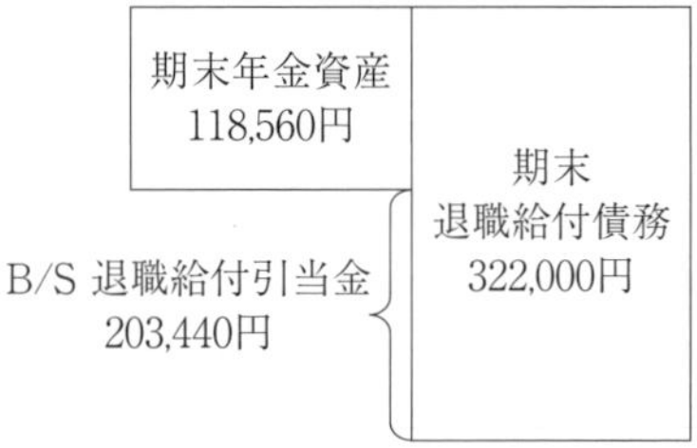

解答 71

(A) 社債利息 42,000円 ← 20,000円 + 20,000円 + 2,000円 = 42,000円

(B) 社　債 492,000円 ← 490,000円 + 2,000円 = 492,000円

解説

(1) 社債の発行日の処理（×1年4月1日）

（当座預金など）	490,000	（社　　債）	490,000*

＊ $500,000円 \times \frac{98円}{100円} = 490,000円$

(2) 利払日の処理

① ×1年9月30日

（社債利息）	20,000*1	（当座預金など）	20,000

＊1 $500,000円 \times 8\% \times \frac{6カ月}{12カ月} = 20,000円$

② ×2年3月31日

（社債利息）	20,000*2	（当座預金など）	20,000

＊2 $500,000円 \times 8\% \times \frac{6カ月}{12カ月} = 20,000円$

(3) 決算日の処理（×2年3月31日）

（社債利息）	2,000	（社　　債）	2,000*

＊ （500,000円 − 490,000円）÷ 5年 = 2,000円

解答 72

	借方科目	金額	貸方科目	金額
(A)	当座預金	942,400	社債	942,400[*1]
	社債発行費	8,640	当座預金	8,640
(B)	社債利息	15,000[*2]	当座預金	15,000
(C)	社債発行費償却	840[*3]	社債発行費	840
	社債利息	2,500[*4]	未払費用	2,500
	社債利息	5,600	社債	5,600[*5]
(D)	未払費用	2,500	社債利息	2,500
(E)	社債利息	15,000[*2]	当座預金	15,000
(F)	社債利息	15,000[*2]	当座預金	15,000
	社債利息	4,000	社債	4,000[*6]
	社債	1,000,000	当座預金	1,000,000
	社債発行費償却	600[*7]	社債発行費	600

＊1　$1{,}000{,}000\text{円} \times \frac{94.24\text{円}}{100\text{円}} = 942{,}400\text{円}$

＊2　$1{,}000{,}000\text{円} \times 3\% \times \frac{6\text{カ月}}{12\text{カ月}} = 15{,}000\text{円}$

＊3　$8{,}640\text{円} \div 6\text{年} \times \frac{7\text{カ月}}{12\text{カ月}} = 840\text{円}$

＊4　$1{,}000{,}000\text{円} \times 3\% \times \frac{1\text{カ月}}{12\text{カ月}} = 2{,}500\text{円}$

＊5　$(1{,}000{,}000\text{円} - 942{,}400\text{円}) \div 6\text{年} \times \frac{7\text{カ月}}{12\text{カ月}} = 5{,}600\text{円}$

＊6　$(1{,}000{,}000\text{円} - 942{,}400\text{円}) \div 6\text{年} \times \frac{5\text{カ月}（\times 7\text{年}4/1\sim 8/31）}{12\text{カ月}} = 4{,}000\text{円}$

＊7　$8{,}640\text{円} \div 6\text{年} \times \frac{5\text{カ月}}{12\text{カ月}} = 600\text{円}$

解答 73

借方科目	金額	貸方科目	金額
社債利息	800	社債	800*1
社債	593,600*2	当座預金	594,000*3
社債償還損	400*4		

＊1　①払込金額：600,000円×$\frac{98円}{100円}$＝588,000円

②金利調整差額：600,000円－588,000円＝12,000円

③前期末における社債の帳簿価額：588,000円＋12,000円×$\frac{2年}{5年}$＝592,800円

④当期分の金利調整差額の償却：12,000円÷5年×$\frac{4カ月}{12カ月}$＝800円

＊2　買入償還時の社債の帳簿価額：592,800円＋800円＝593,600円

＊3　買入金額：600,000円×$\frac{99円}{100円}$＝594,000円

＊4　貸借差額

解答 74

	○または×	理由
(1)	○	
(2)	○	
(3)	×	新株式申込証拠金は、流動負債（申込期間中）または資本金の次（申込期日の翌日から払込期日の前日まで）に表示する。

解答 75

	借方科目	金額	貸方科目	金額
(1)	別段預金	600,000	新株式申込証拠金	600,000*1
(2)	新株式申込証拠金	100,000*2	別段預金	100,000
(3)	新株式申込証拠金	500,000*3	資本金	250,000*4
			資本準備金	250,000*4
	当座預金	500,000	別段預金	500,000

＊1　@1,000円×600株＝600,000円

＊2　@1,000円×（600株－500株）＝100,000円

＊3　@1,000円×500株＝500,000円

＊4　@1,000円×500株×$\frac{1}{2}$＝250,000円

解答 76

債権者持分とは、債権者が企業資産に対して保有している請求権である。この持分は会計上の負債であり、契約等により返済義務を負い、期限の定めがある。負債の中には、営業取引から生じた債務と財務取引から生じた債務があり、後者には契約等にもとづき一定の利息が支払われる。また、負債はその支払いについて、株主持分に優先する。

株主持分とは、株式会社において株主が企業資産に対して保有している請求権である。この持分は会計上の株主資本であり、株主の出資額と留保利益から構成される。基本的に返済の義務および期限はなく、利益に応じて配当が支払われる。企業の解散等による資産の分配は、債権者保有の債権に充当後の残余財産から行われる。

（320字以内）

解説

債権者持分と株主持分を比較する問題です。

債権者持分への支払いが、株主持分に優先するということを書くためには、会社法の知識が必要ですが、一般常識としておさえておきましょう。

〈キーワード〉

① 返済義務
② 営業取引から生じた債務
③ 財務取引から生じた債務
④ 株主の出資額
⑤ 留保利益

解答 77

	借方科目	金額	貸方科目	金額
(1)	損益	500,000	繰越利益剰余金	500,000
(2)	繰越利益剰余金	460,000	未払配当金 利益準備金 別途積立金	300,000 30,000* 130,000
(3)	未払配当金	300,000	当座預金	300,000

* ①3,000,000円×$\frac{1}{4}$－（350,000円＋280,000円）＝120,000円

②300,000円×$\frac{1}{10}$＝30,000円

③①＞②→②30,000円

解答 78

	借方科目	金額	貸方科目	金額
(1)	資本金	1,000,000	その他資本剰余金	1,000,000
(2)	資本準備金	500,000	その他資本剰余金	500,000
(3)	利益準備金	300,000	繰越利益剰余金	300,000
(4)	資本準備金 利益準備金	150,000 100,000	繰越利益剰余金	250,000

解答 79

	借方科目	金額	貸方科目	金額
(1)	自己株式	500,000＊1	当座預金	500,000
(2)	当座預金	220,000＊2	自己株式 その他資本剰余金	200,000＊3 20,000＊4
(3)	当座預金 その他資本剰余金	132,000＊5 18,000＊7	自己株式	150,000＊6
(4)	仕訳なし			

＊1　@1,000円×500株＝500,000円
＊2　@1,100円×200株＝220,000円
＊3　@1,000円×200株＝200,000円
＊4　貸借差額
＊5　@880円×150株＝132,000円
＊6　@1,000円×150株＝150,000円
＊7　貸借差額

解説

期末においてその他資本剰余金がマイナス（借方残）になる場合、マイナスの分だけ繰越利益剰余金を減額しますが、この問題では、期末におけるその他資本剰余金残高は32,000円（30,000円＋20,000円－18,000円）なので、繰越利益剰余金を減額する処理は不要です。

解答 80

借方科目	金額	貸方科目	金額
その他資本剰余金	80,000	自己株式	80,000

解答 81

	借方科目	金額	貸方科目	金額
(1)	当座預金	1,000	新株予約権	1,000
(2)	新株予約権 当座預金	400[*1] 4,000	資本金 資本準備金	2,200[*2] 2,200[*2]
(3)	新株予約権 当座預金	300[*3] 3,000	自己株式 その他資本剰余金	2,500 800[*4]
(4)	新株予約権	300[*5]	新株予約権戻入益	300

＊1　1,000円×40％＝400円

＊2　（400円＋4,000円）×$\frac{1}{2}$＝2,200円

＊3　1,000円×30％＝300円

＊4　（300円＋3,000円）－2,500円＝800円

＊5　1,000円×30％＝300円

解答 82

	借方科目	金額	貸方科目	金額
(1)	当座預金	11,000	社債 新株予約権	10,000 1,000
(2)	新株予約権 当座預金	200[*1] 2,000	資本金 資本準備金	1,100[*2] 1,100[*2]
(3)	新株予約権 社債	300[*3] 3,000[*4]	資本金 資本準備金	1,650[*5] 1,650[*5]

＊1　1,000円×20％＝200円

＊2　（200円＋2,000円）×$\frac{1}{2}$＝1,100円

＊3　1,000円×30％＝300円

＊4　10,000円×30％＝3,000円

＊5　（300円＋3,000円）×$\frac{1}{2}$＝1,650円

解答 83

精　算　表

（単位：円）

勘定科目	残高試算表		整理記入		損益計算書		貸借対照表	
	借　方	貸　方	借　方	貸　方	借　方	貸　方	借　方	貸　方
現　金　預　金	60000						60000	
受　取　手　形	187500						187500	
完成工事未収入金	210000						210000	
貸　倒　引　当　金		2750		5200				7950
有　価　証　券	90000			7500			82500	
未成工事支出金	1087500		600 1075	100 626575			462500	
建　物	350000						350000	
建物減価償却累計額		80000		14000				94000
機　械　装　置	125000						125000	
機械装置減価償却累計額		59600		600				60200
車　両	10000						10000	
車両減価償却累計額		4000		2100				6100
仮　払　金	24250			24250				
支　払　手　形		175250						175250
工　事　未　払　金		112500						112500
未成工事受入金		15000						15000
完成工事補償引当金		125		1075				1200
社　債		48500	24375	125 250				24500
借　入　金		300000						300000
退職給付引当金		57500	100	2500				59900
資　本　金		250000						250000
利　益　準　備　金		50000						50000
繰越利益剰余金		59125						59125
完　成　工　事　高		1200000				1200000		
販売費及び一般管理費	269350		5200 14000 2100 2500		293150			
社　債　利　息	750		125 250		1125			
	2414350	2414350						
有価証券評価損			7500		7500			
完成工事原価			626575		626575			
社債償還（益）				125		125		
			684400	684400	928350	1200125	1487500	1215725
当期純（利益）					271775			271775
合　計					1200125	1200125	1487500	1487500

解説

(1) **貸倒引当金**

(販売費及び一般管理費) 貸倒引当金繰入	5,200*	(貸　倒　引　当　金)	5,200

* {受取手形（T/B 187,500円）＋完成工事未収入金（T/B 210,000円)} ×２%
＝7,950円〈設定額〉
7,950円－2,750円〈T/B貸倒引当金〉＝5,200円〈繰入〉

(2) **減価償却**

① **建　物**

(販売費及び一般管理費) 減価償却費	14,000*	(建物減価償却累計額)	14,000

* 350,000円÷25年＝14,000円

② **車　両**

(販売費及び一般管理費) 減価償却費	2,100*	(車両減価償却累計額)	2,100

* (10,000円－4,000円) ×35%＝2,100円

③ **機械装置**

(未成工事支出金) 減価償却費	600*	(機械装置減価償却累計額)	600

* 月次計上額(予定)：2,050円×12カ月＝24,600円
期首減価償却累計額：59,600円－24,600円＝35,000円
当期減価償却費(実際)：(125,000円－35,000円) ×28%＝25,200円
∴　25,200円－24,600円＝600円〈加算調整〉

(3) **有価証券**

売買目的で保有しているため、時価評価を行います。

(有価証券評価損)	7,500*	(有　価　証　券)	7,500

* (10株×@3,750円＋20株×@2,625円) ÷ (10株＋20株) ＝@3,000円
(@2,750円〈時価〉－@3,000円〈原価〉) ×30株＝△7,500円〈評価損〉

⑷ 社債（単位：円）

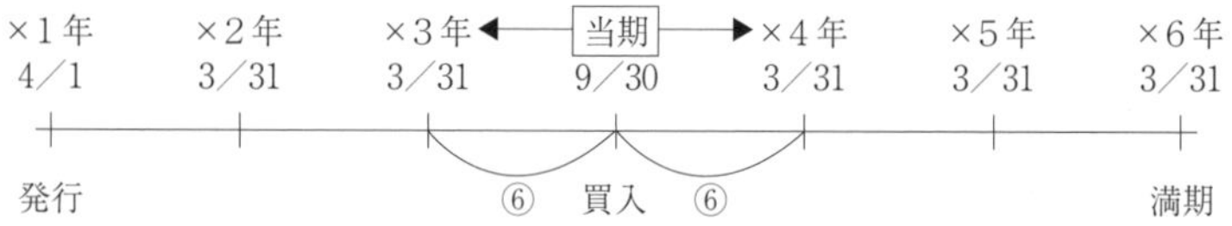

償還分（$\frac{1}{2}$） 23,750 —(250＊1)→ 24,000 —(250＊1)→ 24,250 —(125＊2)→（24,375）

未償還分（$\frac{1}{2}$） 23,750 —(250＊1)→ 24,000 —(250＊1)→ 24,250 —(250＊1)→ 24,500

計 47,500　48,500　24,500

＊1　年間の償却額（50,000円－47,500円）×$\frac{12カ月}{60カ月}$＝500円

— 償 還 分：500円×$\frac{1}{2}$＝250円

— 未償還分：500円×$\frac{1}{2}$＝250円

＊2　250円×$\frac{6カ月}{12カ月}$＝125円

前T/B　（単位：円）

買入価額 →	仮払金	24,250	社債	48,500	← 買入償還分は控除されていない
実際支払額 →	社債利息	750			

① 買入償還の処理

（期中に実際に行った処理）

（仮払金）	24,250	（現金預金）	24,250

（正しい処理）

（社債利息）	125	（社債）	125
（社債）	24,375	（現金預金）	24,250
		（社債償還益）	125

（決算修正仕訳）

（社債利息）	125	（社債）	125
（社債）	24,375	（仮払金）	24,250
		（社債償還益）	125

② **当期の償却額**

（決算整理仕訳）

（社　債　利　息）	250	（社　　　　　債）	250

③ **社債利息の計上**（単位：円）

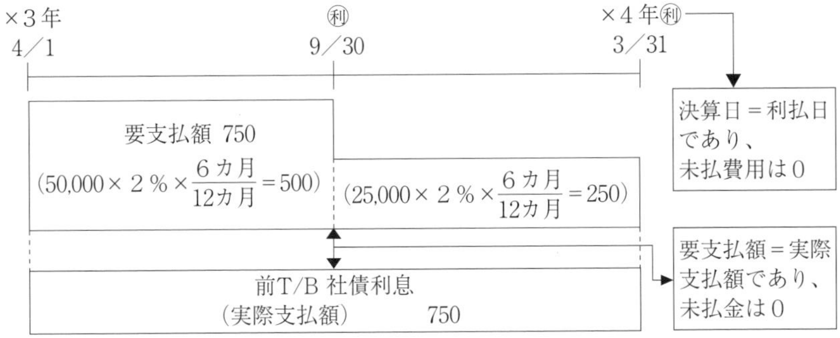

（決算修正仕訳）

仕　訳　な　し

⑸ **退職給付引当金**

（退職給付引当金）	100*	（未成工事支出金） 退職給付費用	100
（販売費及び一般管理費） 退職給付費用	2,500	（退職給付引当金）	2,500

*　1,050円×12カ月＝12,600円〈予定計上額〉

∴　12,500円〈実際発生額〉－12,600円＝△100円〈減算調整〉

⑹ **完成工事補償引当金**

（未成工事支出金） 完成工事補償引当金繰入	1,075*	（完成工事補償引当金）	1,075

*　完成工事高1,200,000円×0.1％＝1,200円〈設定額〉

1,200円－125円〈T/B　完成工事補償引当金〉＝1,075円〈繰入〉

⑺ **完成工事原価**

（完成工事原価）	626,575*	（未成工事支出金）	626,575

*

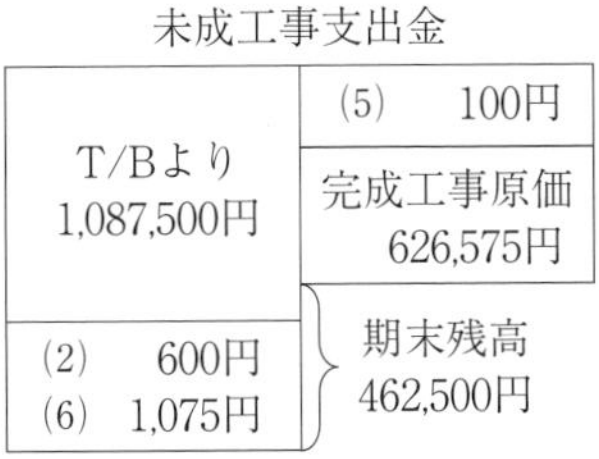

解答 84

繰延税金資産とは、前払税金であり、将来減算一時差異の解消年度において、納付税額を減額させるものである。その金額は、将来における納付税額の減額効果を適切に把握するために、将来減算一時差異の解消年度における法定実効税率を使用して計算する。

(120字以内)

解答 85

①	②	③	④	⑤	⑥
D	C	A	B	A	C

解答 86

(A)　税効果会計に関する仕訳

	借　方　科　目	金　　額	貸　方　科　目	金　　額
(1)	繰延税金資産	300	法人税等調整額	300
(2)	繰延税金資産	120	法人税等調整額	120

(B)　各年度期末における繰延税金資産または繰延税金負債（いずれかに記入）

(1)　×1年度期末　繰延税金資産　300円　←　(1,200円－200円)×30%
　　　　　　　　　繰延税金負債　　　円

(2)　×2年度期末　繰延税金資産　420円　←　(1,680円－280円)×30%
　　　　　　　　　繰延税金負債　　　円

解説

(1)について

会計上：（貸倒引当金繰入）　1,200　（貸倒引当金）　1,200

損益項目 →

税効果：（繰延税金資産）　300　（法人税等調整額）　300*

＊（1,200円－200円）×30%＝300円

(2)について

会計上：（貸倒引当金繰入）　1,680　（貸倒引当金）　1,680

損益項目 →

税効果：（繰延税金資産）　120　（法人税等調整額）　120*

＊　①（1,680円－280円）×30%＝420円
　　②420円－300円＝120円

なお、一時差異の発生と解消に分けて仕訳すると次のようになります。

①　×1年度の差異の解消
（法人税等調整額）　300　（繰延税金資産）　300

②　×2年度の差異の発生
（繰延税金資産）　420　（法人税等調整額）　420

解答 87

	借方科目	金額	貸方科目	金額
(1)	繰延税金資産	18,000	法人税等調整額	18,000
(2)	法人税等調整額	36,000	繰延税金資産	36,000

解説

(1)について

会計上の減価償却費と税法上の減価償却費の差額から損金不算入額を計算し、損金不算入額に法人税等の実効税率を掛けて法人税等調整額を計算します。

会計上：(減価償却費)　150,000　(減価償却累計額)　150,000

損益項目 →

税効果：(繰延税金資産)　18,000　(法人税等調整額)　18,000*

* ①会計上の減価償却費：450,000円÷3年＝150,000円
②税法上の減価償却費：450,000円÷5年＝90,000円
③法人税等調整額：(150,000円－90,000円)×30%＝18,000円

(2)について

固定資産を売却したときは差異が解消されるので、計上していた繰延税金資産または繰延税金負債を取り崩します。なお、×2年度期末にも×1年度期末と同様の処理がされているので、×3年度に取り崩す繰延税金資産は36,000円（18,000円×2年）です。

解答 88

借方科目	金額	貸方科目	金額
投資有価証券	100*1	その他有価証券評価差額金	100
その他有価証券評価差額金	30*2	繰延税金負債	30

*1　A社株式：7,600円－8,000円＝△400円
B社株式：7,000円－6,500円＝　500円
評価差額：　100円

*2　100円×30%＝30円

解答 89

合併後貸借対照表
×1年4月1日
（単位：円）

資産	金額	負債・純資産	金額
諸資産	2,250,000	諸負債	970,000
（のれん）	20,000	資本金	750,000
		資本準備金	360,000
		利益準備金	50,000
		別途積立金	40,000
		繰越利益剰余金	100,000
	2,270,000		2,270,000

- 1,250,000円＋1,000,000円（→ 諸資産 2,250,000）
- 550,000円＋420,000円（→ 諸負債 970,000）
- 450,000円＋300,000円（→ 資本金 750,000）
- 60,000円＋300,000円（→ 資本準備金 360,000）

解説

被取得企業の資産と負債を時価で受け入れます。

（諸資産）	1,000,000	（諸負債）	420,000
（のれん）	20,000＊1	（資本金）	300,000
		（資本準備金）	300,000＊2

＊1　取得原価：@400円×1,500株＝600,000円
　　純　　額：1,000,000円－420,000円＝580,000円
　　の れ ん：600,000円－580,000円＝20,000円

＊2　600,000円－300,000円＝300,000円

解答 90

①	支配従属	②	親会社	③	意思決定機関
④	過半数	⑤	一時的		

解答 91

(A) 連結修正仕訳

借方科目	金額	貸方科目	金額
資本金	8,000	S社株式	10,000
利益剰余金	2,000		

(B) 連結貸借対照表

80,000円＋16,000円 → 諸資産

50,000円＋6,000円 → 諸負債

連結貸借対照表
×2年3月31日
(単位：円)

諸資産	(96,000)	諸負債	(56,000)
		資本金	(30,000)
		利益剰余金	(10,000)
	(96,000)		(96,000)

解答 92

(A) 連結修正仕訳

借方科目	金額	貸方科目	金額
資本金	8,000	S社株式	7,000
利益剰余金	2,000	非支配株主持分	3,000*

＊ （8,000円＋2,000円）×30％＝3,000円

(B) 連結貸借対照表

83,000円＋16,000円 → 諸資産

50,000円＋6,000円 → 諸負債

連結貸借対照表
×2年3月31日
(単位：円)

諸資産	(99,000)	諸負債	(56,000)
		資本金	(30,000)
		利益剰余金	(10,000)
		(非支配株主持分)	(3,000)
	(99,000)		(99,000)

解答 93

(A)　連結修正仕訳

借　方　科　目	金　　額	貸　方　科　目	金　　額
資　　本　　金	8,000	S　社　株　式	8,000
利　益　剰　余　金	2,000	非支配株主持分	3,000＊1
の　　れ　　ん	1,000＊2		

＊1　(8,000円＋2,000円) × 30％ = 3,000円

＊2　貸借差額

(B)　連結貸借対照表

82,000円＋16,000円

50,000円＋6,000円

連結貸借対照表

×2年3月31日

(単位：円)

諸　資　産	(98,000)	諸　負　債	(56,000)
(の　れ　ん)	(1,000)	資　本　金	(30,000)
		利益剰余金	(10,000)
		(非支配株主持分)	(3,000)
	(99,000)		(99,000)

解答 94

(A)　評価替えの仕訳と連結修正仕訳

(1)　評価替えの仕訳

借方科目	金額	貸方科目	金額
諸資産	1,000*	評価差額	1,000

＊　17,000円－16,000円＝1,000円

(2)　連結修正仕訳

借方科目	金額	貸方科目	金額
資本金	8,000	S社株式	8,000
利益剰余金	2,000	非支配株主持分	3,300*1
評価差額	1,000		
のれん	300*2		

×30%

＊1　(8,000円＋2,000円＋1,000円)×30%＝3,300円

＊2　貸借差額

(B)　連結貸借対照表

連結貸借対照表

×2年3月31日

(単位：円)

82,000円＋16,000円＋1,000円

50,000円＋6,000円

諸資産	(99,000)	諸負債	(56,000)
(のれん)	(300)	資本金	(30,000)
		利益剰余金	(10,000)
		(非支配株主持分)	(3,300)
	(99,300)		(99,300)

解答 95

	借方科目	金額	貸方科目	金額
(1)	完成工事高	50,000	完成工事原価	50,000
(2)	短期借入金	100,000	短期貸付金	100,000
	受取利息	1,200	支払利息	1,200
	未払利息	300	未収利息	300

解答 96

	借方科目	金額	貸方科目	金額
(1)	完成工事原価	9,000	棚卸資産	9,000*1
(2)	完成工事原価	9,000	棚卸資産	9,000*1
	非支配株主持分当期変動額	1,800	非支配株主(に帰属する当期純)損益	1,800*2

＊1　30,000円×30％＝9,000円
＊2　9,000円×20％＝1,800円

解説

1．期末棚卸資産に含まれる未実現利益の修正

(1)　ダウンストリームの場合

(完成工事原価)	9,000	(棚卸資産)	9,000*1

＊1　30,000円×30％＝9,000円

(2)　アップストリームの場合

未実現利益の消去によって生じた損益の増減額を、非支配株主持分にも負担させます。

(完成工事原価)	9,000	(棚卸資産)	9,000*2
(非支配株主持分当期変動額)	1,800	(非支配株主(に帰属する当期純)損益)	1,800*3

＊2　30,000円×30％＝9,000円
＊3　9,000円×20％＝1,800円

解答 97

		借方科目	金額	貸方科目	金額
①	JV	当座預金	300[*1]	未成工事受入金	300
	T社	JV出資金	210[*2]	未成工事受入金	210
	W社	JV出資金	90[*3]	未成工事受入金	90
②	JV	未成工事支出金	200	工事未払金	200
	T社	未成工事支出金	140[*4]	工事未払金	140
	W社	未成工事支出金	60[*5]	工事未払金	60
③	JV	工事未払金	200	当座預金	200
	T社	工事未払金	140[*6]	JV出資金	140
	W社	工事未払金	60[*7]	JV出資金	60

＊1　1,000円×30%＝300円
＊2　300円×70%＝210円
＊3　300円×30%＝ 90円
＊4　200円×70%＝140円
＊5　200円×30%＝ 60円
＊6　200円×70%＝140円
＊7　200円×30%＝ 60円

解答 98

	借方科目	金額	貸方科目	金額
(1)	前渡金	1,400[*1]	現金	1,400
(2)	車両運搬具	27,620[*3]	前渡金 未払金	1,400 26,220[*2]
(3)	未払金	26,220	当座預金 為替差損益	26,030[*4] 190[*5]

＊1　10ドル×140円＝1,400円
＊2　(200ドル－10ドル) ×138円＝26,220円
＊3　貸方合計
＊4　190ドル×137円＝26,030円
＊5　貸借差額

解答 99

	借方科目	金額	貸方科目	金額
(1)	当座預金	3,900	前受金	3,900[*1]
(2)	当座預金	35,910[*3]	未収入金	35,370[*2]
			為替差損益	540[*4]

＊1　30ドル × 130円 = 3,900円

＊2　270ドル × 131円 = 35,370円

＊3　270ドル × 133円 = 35,910円

＊4　貸借差額

解答 100

決算整理後残高試算表

×２年３月31日　　　　　　　　　　(単位：円)

現　　　金	(20,150)	工事未払金	(62,850)
完成工事未収入金	(65,100)	未成工事受入金	(5,600)
前　渡　金	(4,640)	長期借入金	(13,000)
(支払利息)	(440)	(未払利息)	(65)
		為替差損益	(1,000)

解説

決算日において、貨幣項目は決算時の為替相場で換算替えをします。

(1) **現　金…貨幣項目 → 換算替え必要**

(現　　　金)	150*	(為替差損益)	150

＊ ①B/S価額：75ドル×130円＝9,750円
②帳簿価額：9,600円
③9,750円－9,600円＝150円（増加）

(2) **完成工事未収入金…貨幣項目 → 換算替え必要**

(完成工事未収入金)	1,100*	(為替差損益)	1,100

＊ ①B/S価額：220ドル×130円＝28,600円
②帳簿価額：27,500円
③28,600円－27,500円＝1,100円（増加）

(3) **前渡金…非貨幣項目 → 換算替え不要**

(4) **工事未払金…貨幣項目 → 換算替え必要**

(為替差損益)	450	(工事未払金)	450*

＊ ①B/S価額：150ドル×130円＝19,500円
②帳簿価額：19,050円
③19,500円－19,050円＝450円（増加）

(5) **未成工事受入金…非貨幣項目 → 換算替え不要**

(6) **長期借入金…貨幣項目 → 換算替え必要**

(長期借入金)	200*	(為替差損益)	200

＊ ①B/S価額：100ドル×130円＝13,000円
②帳簿価額：13,200円
③13,000円－13,200円＝△200円（減少）

(7) **未払利息の計上**

(支払利息)	65	(未払利息)	65*

＊ $100\text{ドル} \times 6\% \times \dfrac{1\text{カ月}（\times 2\text{年}3/1 \sim 3/31）}{12\text{カ月}} = 0.5\text{ドル}$

0.5ドル×130円＝65円

解答 101

有価証券評価益	100円	← △720円（A社株式）＋820円（B社株式）
有　価　証　券	12,800円	

A社株式：35ドル×128円＝4,480円
B社株式：65ドル×128円＝8,320円
合　　計：4,480円＋8,320円＝12,800円

解説

外貨建ての売買目的有価証券は、時価を決算時の為替相場で換算した金額で評価します。

(1)　A社株式

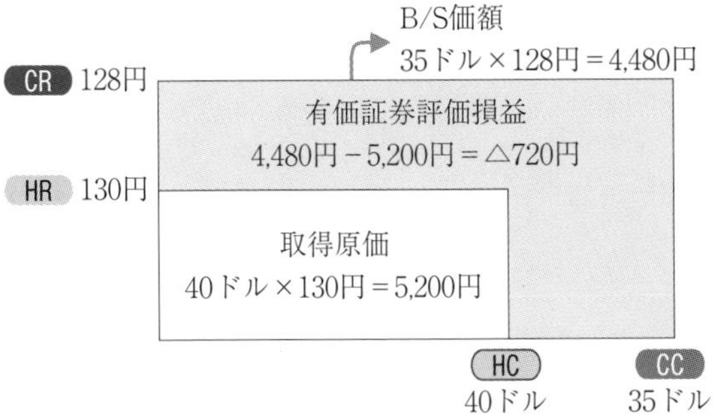

(2)　B社株式

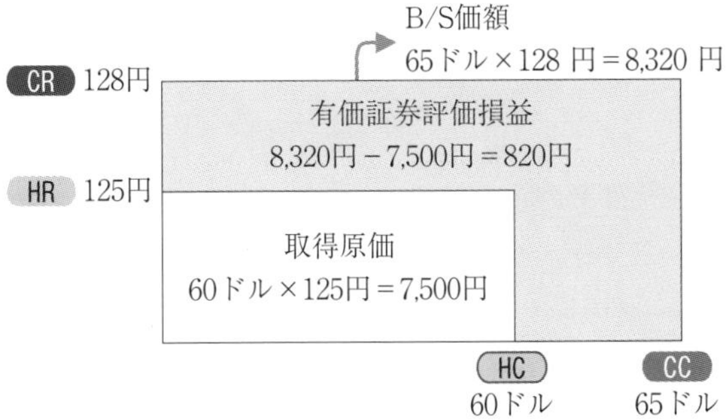

解答 102

二取引基準とは、当初の外貨建取引と事後的に行われた決済取引または換算替えを別々の取引として扱う考え方である。この考え方にもとづけば、為替差異は、当初の取引高とは区別されて独立した損益の科目である為替差損益として処理される。

一取引基準とは、当初の外貨建取引と事後的に行われた決済取引または換算替えを連続した一つの取引として扱う考え方である。この考え方にもとづけば、為替差異は、当初の取引高の修正として処理される。（250字以内）

解答 103

(1) 直接法による営業活動によるキャッシュ・フロー

	(単位：千円)
営業収入	(61,776)
原材料又は商品の仕入支出	−(42,822)
人件費支出	−(6,318)
小　計	(12,636)
利息及び配当金の受取額	(2,808)
利息の支払額	−(2,457)
法人税等の支払額	−(1,755)
営業活動によるキャッシュ・フロー	(11,232)

(2) 間接法による営業活動によるキャッシュ・フロー

	(単位：千円)
税金等調整前当期純利益	4,212
減価償却費	(7,020)
貸倒引当金増加額	(351)
受取利息配当金	−(3,159)
支払利息	(2,808)
有形固定資産売却損	(1,404)
売上債権の増加額	−(1,404)
棚卸資産の減少額	(1,404)
仕入債務の減少額	−(702)
未払人件費の増加額	702
小　計	(12,636)
利息及び配当金の受取額	(2,808)
利息の支払額	−(2,457)
法人税等の支払額	−(1,755)
営業活動によるキャッシュ・フロー	(11,232)

解説

(1) 直接法による営業活動によるキャッシュ・フロー　　　　（単位：千円）

売　上　債　権

首　7,020	営業収入（C/S）　61,776
売上高（P/L）　63,180	末　8,424

仕　入　債　務

仕入支出（C/S）　42,822	首　4,212
末　3,510	仕　入　42,120

仕　　　入

首　2,808	売上原価（P/L）　43,524
仕　入　42,120	末　1,404

→ 売上高（P/L）　63,180

人　件　費

人件費支出（C/S）　6,318	首　702
末　1,404	給料等（P/L）　7,020

受　取　利　息

首　351	受取額（C/S）　1,404
受取利息（P/L）　1,755	末　702

受　取　配　当　金

受取配当金（P/L）　1,404	受取額（C/S）　1,404

∴　利息および配当金の受取額：1,404＋1,404＝2,808

支　払　利　息

支払額（C/S）　2,457	首　702
末　1,053	支払利息（P/L）　2,808

法　人　税　等

支払額（C/S）　1,755	首　351
末　702	法人税等（P/L）　2,106

(2) 間接法による営業活動によるキャッシュ・フロー

損益計算書　（単位：千円）

			調整
Ⅰ 売上高		63,180	
Ⅱ 売上原価		43,524	
Ⅲ 販売費及び一般管理費			
1．人件費	7,020		
2．貸倒引当金繰入	351		
3．減価償却費	7,020	14,391	
営業利益		5,265	営業活動による利益
Ⅳ 営業外収益			
1．受取利息配当金		3,159	△3,159
Ⅴ 営業外費用			
1．支払利息		2,808	＋2,808
Ⅵ 特別利益			
Ⅶ 特別損失			
1．固定資産売却損		1,404	＋1,404
税引前当期純利益		4,212	税金等調整前当期純利益
法人税等		2,106	
当期純利益		2,106	

① 非資金損益項目の調整

減価償却費

7,020	

減価償却累計額

	(首)
	減価償却費（P/L）7,020

貸倒引当金繰入

351	

貸倒引当金

貸倒れ 0	(首) 702
(末) 1,053	繰入額（P/L）351

② 営業資産および営業負債の増減

売上債権の増加額：8,424千円（期末）－7,020千円（期首）＝1,404千円

棚卸資産の減少額：1,404千円（期末）－2,808千円（期首）＝△1,404千円

仕入債務の減少額：3,510千円（期末）－4,212千円（期首）＝△702千円

未払人件費の増加額：1,404千円（期末）－702千円（期首）＝702千円

過去問題編

解答・解説

第32回　解答・解説

第1問　20点

解答にあたっては、各問とも指定した字数以内（句読点を含む）で記入すること。

❷数字…予想配点

問1

工事進行基準とは、会計期末に工事進行の程度（工事進捗度）を見積り、工事進捗度に応じて当期の工事収益を認識する方法である。❷工事の進行途上においてその進捗部分について成果の確実性が認められる場合には、工事進行基準を適用する。❷そして成果の確実性が認められるためには、①工事収益総額、②工事原価総額および③決算日における工事進捗度、の各要素について信頼性をもって見積ることができなければならない。❷

問2

工事進行基準による工事収益額の測定方法は、請負代金の決定方法によって異なる。❷総額請負契約は、工事代金の総額を確定して契約する方法❷であり、この契約による場合には、工事収益額を工事収益総額（工事契約代金）×各期の工事進捗度により決定する。❷原価補償契約は、実際の工事原価の総額に一定の利益を上乗せした額をもって請負代金とする方法❷であり、この契約による場合には、工事収益額を実際工事原価×（1＋利益率）により決定する。❷単価精算契約とは、単価を決定しておいて、その数量に応じて精算するという契約の方法❷であり、この契約による場合には、工事収益額を完成作業単位量×単位請負収益額により決定する。❷

解説

問１　工事進行基準の概要とその適用要件

工事進行基準とは、工事の完成・引渡前でも各期末の工事の完成度合い（工事進捗度）に応じて収益を計上していくという方法です。この進捗度の見積りには、通常、工事期間中に発生するであろう総原価（工事原価総額）と当期に発生した原価が用いられます。

工事進行基準は、工事の進捗部分について成果の確実性が認められる場合に適用します。なお、成果の確実性が認められるためには、①工事収益総額（契約価額）、②工事原価総額、③決算日における工事進捗度の3つについて信頼性をもって見積ることができる、という要件を満たす必要があります。

問２　工事進行基準による工事収益額の測定方法

工事進行基準による工事収益額の測定方法は、請負代金の決定方法によって異なります。請負代金の決定方法には次のようなものがあります。

・総額請負契約：工事代金（請負代金）の総額を確定して契約する方法
各期の工事収益額＝工事収益総額(工事契約代金)×各期の工事進捗度

・原価補償契約：実際の工事原価の総額に一定の利益を上乗せした額を請負代金とする方法
各期の工事収益額＝各期の実際工事原価×(１＋利益率)

・単価精算契約：単位あたりの請負工事収益額をあらかじめ決定しておき、その数量に応じて代金を精算するという方法
各期の工事収益額＝各期の完成作業単位量×単位請負収益額

第2問　14点

●数字…予想配点

記号（ア～ネ）

1	2	3	4	5	6	7
キ	イ	ネ	ス	チ	ソ	カ

各❷

解説

負債の発生原因による分類

負債は発生原因によって⑴営業取引から生じた債務、⑵財務取引から生じた債務、⑶損益計算から生じた債務の３つに区別されます。

⑴　営業取引から生じた債務

建設業では、工事のために必要な原料・資材などを購入したり、顧客から代金を前受けしたりすることがあります。このような取引から生じた債務を、営業取引から生じた債務といいます。営業取引から生じた債務は、金銭の支出を伴うか否かにより、金銭債務と非金銭債務に区別されます。営業取引から生じた債務のうち、金銭債務の具体例としては工事未払金、非金銭債務の具体例としては未成工事受入金などが含まれます。

⑵　財務取引から生じた債務

資金の調達を目的とした取引から生じた債務を、財務取引から生じた債務といいます。財務取引から生じた債務には借入金や社債が含まれます。

⑶　損益計算から生じた債務

適切な期間損益計算を行うための収益・費用の帰属計算によって生じた貸方項目を、損益計算から生じた債務といいます。損益計算から生じた債務には、前受収益や未払費用、引当金などが含まれます。

第3問　16点

●数字…予想配点

記号（AまたはB）

1	2	3	4	5	6	7	8
A	B	B	A	B	A	A	B

各❷

解説

認められないもの「B」について解説します。

2．建設業を事業目的としている会社においては、事業目的を考慮して短期売買（トレーディング）目的で購入した株式の売買にかかるキャッシュ・フローは、投資活動によるキャッシュ・フローの区分に計上します。

3．耐用年数が到来した使用中の機械について、その金額が少額であったとしても、未償却残高（残存価額）を簿外資産として処理することは認められません。

5．自社利用目的のソフトウェアの購入費は、時間的および経済的負担軽減が確実であると認められる場合には、無形固定資産として計上しなければなりません。

8．発生の可能性が低い場合には、引当金を計上することはできません。

第4問　14点

●数字…予想配点

記号（ア〜チ）も必ず記入のこと

		借方			貸方			
		記号	勘定科目	金額	記号	勘定科目	金額	
問1	JV	イ	当座預金	20000000	ク	未成工事受入金	20000000	❶
	A社	ス	JV出資金	14000000	ク	未成工事受入金	14000000	❶
問2	JV	サ	未成工事支出金	56000000	タ	工事未払金	56000000	❶
	B社	サ	未成工事支出金	16800000	タ	工事未払金	16800000	❶
問3	JV	イ	当座預金	36000000	セ ソ	A社出資金 B社出資金	25200000 10800000	❷
	B社	ス	JV出資金	10800000	ア	現金	10800000	❶
問4	JV	タ	工事未払金	56000000	イ	当座預金	56000000	❷
	A社	タ	工事未払金	39200000	ス	JV出資金	39200000	❶
問5	JV	オ セ ソ	完成工事高 A社出資金 B社出資金	70000000 25200000 10800000	エ チ	完成工事原価 未払分配金	56000000 50000000	❷
	A社	エ ク カ	完成工事原価 未成工事受入金 完成工事未収入金	39200000 14000000 35000000	サ オ	未成工事支出金 完成工事高	39200000 49000000	❷

解説

理解を促すために、解答要求になっていない構成会社の仕訳も示します。

問1　前受金の受け取り

ＪＶが前受金を受け取り、かつ、構成会社への分配を行わない場合には、実質的にその金額を構成会社がＪＶに出資したことになります。よって、各構成会社は「ＪＶ出資金」と「未成工事受入金」を計上します。

ＪＶ	(当座預金)	20,000,000	(未成工事受入金)	20,000,000
Ａ社	(ＪＶ出資金)(＊1)	14,000,000	(未成工事受入金)	14,000,000
Ｂ社	(ＪＶ出資金)(＊2)	6,000,000	(未成工事受入金)	6,000,000

(＊1) 20,000,000円〈前受金〉×70％＝14,000,000円
(＊2) 20,000,000円〈前受金〉×30％＝ 6,000,000円

問2　工事原価の発生

工事原価が発生し、ＪＶが構成会社に出資の請求をした場合には、各構成会社は「未成工事支出金」と「工事未払金」を計上します。

ＪＶ	(未成工事支出金)	56,000,000	(工事未払金)	56,000,000
Ａ社	(未成工事支出金)(＊1)	39,200,000	(工事未払金)	39,200,000
Ｂ社	(未成工事支出金)(＊2)	16,800,000	(工事未払金)	16,800,000

(＊1) 56,000,000円〈工事原価〉×70％＝39,200,000円
(＊2) 56,000,000円〈工事原価〉×30％＝16,800,000円

問3　工事原価支払いのための出資

工事原価支払いのための資金を構成会社がＪＶに出資した場合には、各構成会社は「ＪＶ出資金」で処理し、ＪＶは「○○社出資金」で処理します。

ＪＶ	(当座預金)(＊1)	36,000,000	(Ａ社出資金)(＊2)	25,200,000
			(Ｂ社出資金)(＊3)	10,800,000
Ａ社	(ＪＶ出資金)(＊2)	25,200,000	(現金)	25,200,000
Ｂ社	(ＪＶ出資金)(＊3)	10,800,000	(現金)	10,800,000

(＊1) 56,000,000円〈工事原価〉－20,000,000円〈前受金〉＝36,000,000円〈不足額〉
(＊2) 36,000,000円〈不足額〉×70％＝25,200,000円
(＊3) 36,000,000円〈不足額〉×30％＝10,800,000円

問4　工事原価の支払い

ＪＶが支払いを行った時点で、各構成員も工事未払金の減少を記録します。相手勘定としては、仮勘定である「ＪＶ出資金」を使用します。

ＪＶ	(工事未払金)	56,000,000	(当座預金)	56,000,000
A社	(工事未払金)(＊1)	39,200,000	(ＪＶ出資金)	39,200,000
B社	(工事未払金)(＊2)	16,800,000	(ＪＶ出資金)	16,800,000

(＊1) 56,000,000円×70％＝39,200,000円

(＊2) 56,000,000円×30％＝16,800,000円

問5　ＪＶの決算

工事が完成し、発注者に引き渡したときにＪＶが計上した完成工事高、完成工事原価を各構成員の出資割合に応じて配分します。

ＪＶ	(完成工事高)	70,000,000	(完成工事原価)	56,000,000
	(A社出資金)	25,200,000	(未払分配金)(＊1)	50,000,000
	(B社出資金)	10,800,000		
A社	(完成工事原価)	39,200,000	(未成工事支出金)	39,200,000
	(未成工事受入金)	14,000,000	(完成工事高)(＊2)	49,000,000
	(完成工事未収入金)(＊3)	35,000,000		
B社	(完成工事原価)	16,800,000	(未成工事支出金)	16,800,000
	(未成工事受入金)	6,000,000	(完成工事高)(＊4)	21,000,000
	(完成工事未収入金)(＊5)	15,000,000		

(＊1) 貸借差額

(＊2) 70,000,000円×70％＝49,000,000円

(＊3) 49,000,000円－14,000,000円＝35,000,000円

(＊4) 70,000,000円×30％＝21,000,000円

(＊5) 21,000,000円－6,000,000円＝15,000,000円

第5問　36点

●数字…予想配点

精　算　表

（単位：千円）

勘定科目	残高試算表		整理記入		損益計算書		貸借対照表	
	借方	貸方	借方	貸方	借方	貸方	借方	貸方
現金預金	6923						6923	
受取手形	28000						28000	
完成工事未収入金	58200		157000				215200	
貸倒引当金		1032		3832				❸4864
未成工事支出金	195068		6000 1712	180 202600				
仮払法人税等	5600			5600				
仮払金	1050			1050				
機械装置	80863			20863 12000			❸48000	
機械装置減価償却累計額		51092	18863 8400	3771 6000				33600
資産除去債務		971	1000	29				
土地	20000						20000	
投資有価証券	19600		200 150				19950	
その他の諸資産	33563						33563	
仮受金		2120	2120					
工事未払金		41688						41688
未成工事受入金		65000	65000					
完成工事補償引当金		823		1712				2535
退職給付引当金		106124	180	530				❸106474
その他の諸負債		38865						38865
資本金		100000						100000
資本準備金		15000						15000
利益準備金		3000						3000
繰越利益剰余金		2000						2000
完成工事高		285000		222000		❸507000		
完成工事原価	228240		3771 202600		❸434611			
有価証券利息		400		200		600		
雑収入		1088				1088		
販売費及び一般管理費	30496		530		31026			
その他の諸費用	6600				6600			
	714203	714203						
利息費用			29		❸29			
履行差額			50		❸50			
固定資産売却（益）				120		❸120		
固定資産除却損			3600		❸3600			
貸倒引当金繰入額			3832		3832			
その他有価証券評価差額金				105				❸105
繰延税金資産			390				❸390	
繰延税金負債				45				45
未払法人税等				3508				3508
法人税、住民税及び事業税			9108		9108			
法人税等調整額				390		390		
			484535	484535	488856	509198	372026	351684
当期（純利益）					❸20342			20342
					509198	509198	372026	372026

解説

(1) 機械装置（撤去義務のある機械装置１台）と資産除去債務

① 決算整理前の金額

・資料２．の機械装置（同一機種で５台）

機械装置（取得原価）：60,000千円

減価償却累計額：60,000千円÷10年×６年＝36,000千円

② 資料１．の機械装置（撤去義務のある機械装置１台）

機械装置（取得原価＋取得時の資産除去債務）：80,863千円〈残高試算表・機械装置〉
−60,000千円＝20,863千円

減価償却累計額：51,092千円〈残高試算表・機械装置減価償却累計額〉−36,000千円
＝15,092千円

③ 減価償却

最終年度のため、減価償却費は差額で計算します。なお、問題文の指示にしたがい、減価償却費は完成工事原価として処理します。

(完成工事原価)(＊)	3,771	(機械装置減価償却累計額)	3,771

（＊）20,863千円−2,000千円〈残存価額〉＝18,863千円〈要償却額〉
18,863千円−15,092千円〈減価償却累計額〉＝3,771千円

④ 利息費用

最終年度のため、利息費用は差額で計算します。

(利息費用)(＊)	29	(資産除去債務)	29

（＊）1,000千円−971千円〈残高試算表・資産除去債務〉＝29千円

⑤ 機械装置の撤去と売却

・撤去

撤去時点における資産除去債務の残高と、撤去に要した実際の支出額との差額は、履行差額（費用）として処理します。

(資産除去債務)	1,000	(仮払金)	1,050
(履行差額)(＊)	50		

（＊）貸借差額

・売却

固定資産の帳簿価額と売却価額との差額は、固定資産売却益または固定資産売却損として処理します。

(機械装置減価償却累計額)(＊1)	18,863	(機械装置)	20,863
(仮受金)	2,120	(固定資産売却益)(＊2)	120

（＊1）要償却額

（＊2）貸借差額

⑵　機械装置（同一機種で５台）

①　減価償却

問題文の指示にしたがい、同一機種５台の機械装置にかかる減価償却費は、工事原価として未成工事支出金で処理します。

(未成工事支出金)(＊)	6,000	(機械装置減価償却累計額)	6,000

(＊) 60,000千円÷10年＝6,000千円

②　水没した１台の廃棄処分

問題文の指示にしたがい、水没した固定資産の帳簿価額を固定資産除却損として処理します。

(機械装置減価償却累計額)(＊2)	8,400	(機械装置)(＊1)	12,000
(固定資産除却損)(＊3)	3,600		

(＊1) 60,000千円÷５台＝12,000千円

(＊2) 12,000千円÷10年×７年＝8,400千円

(＊3) 貸借差額

⑶　投資有価証券（その他有価証券）

①　償却原価法（定額法）

(投資有価証券)(＊)	200	(有価証券利息)	200

(＊) 20,000千円〈額面総額〉× $\frac{\text{@97円}}{\text{@100円}}$ ＝19,400千円〈取得原価〉

(20,000千円－19,400千円)÷３年＝200千円〈償却額〉

②　時価評価（全部純資産直入法）

その他有価証券を時価評価します。また、税効果会計を適用します。

(投資有価証券)(＊1)	150	(繰延税金負債)(＊2)	45
		(その他有価証券評価差額金)(＊3)	105

(＊1) 19,950千円〈時価〉－(19,600千円〈残高試算表・投資有価証券〉＋200千円〈償却額〉)

＝150千円〈評価益〉

(＊2) 150千円×30％〈実効税率〉＝45千円

(＊3) 150千円－45千円＝105千円

⑷　退職給付引当金の計上（予定計上額の修正と販売費及び一般管理費の計上）

問題文の指示にしたがい、予定計上額と実際発生額との差額は工事原価として未成工事支出金で処理します。

(退職給付引当金)(＊)	180	(未成工事支出金)	180
(販売費及び一般管理費)	530	(退職給付引当金)	530

(＊) 225千円×12ヵ月＝2,700千円〈予定計上額〉

2,520千円〈実際発生額〉－2,700千円＝△180千円〈減算修正〉

⑸ 未成工事支出金の完成工事原価への振替えと完成工事高の計上

各期の工事進捗度を求めてから、各期までの完成工事高を計算します。なお、この時点では完成工事補償引当金の計上が未処理となっていますが、当期の工事原価発生額202,600千円が資料に与えられているので、先に未成工事支出金から完成工事原価へ振り替えます。

(完成工事原価)(＊1)	202,600	(未成工事支出金)	202,600
(未成工事受入金)(＊3)	65,000	(完成工事高)(＊2)	222,000
(完成工事未収入金)(＊4)	157,000		

(＊1) 第3期の工事原価発生額

(＊2) $\dfrac{107{,}100\text{千円}+132{,}300\text{千円}}{630{,}000\text{千円}}$ ＝0.38〈第2期までの工事進捗度〉

750,000千円〈当初契約時の請負工事代金〉×0.38
＝285,000千円〈第2期までの完成工事高〉

$\dfrac{107{,}100\text{千円}+132{,}300\text{千円}+202{,}600\text{千円}}{680{,}000\text{千円}}$ ＝0.65〈第3期までの工事進捗度〉

780,000千円〈変更後の請負工事代金〉×0.65－285,000千円
＝222,000千円〈第3期の完成工事高〉

(＊3) 200,000千円＋150,000千円－285,000千円＝65,000千円〈残高試算表・未成工事受入金〉

(＊4) 貸借差額

⑹ 貸倒引当金（差額補充法）と税効果会計

差額補充法により貸倒引当金を計上します。また、税効果会計を適用します。

(貸倒引当金繰入額)(＊1)	3,832	(貸倒引当金)	3,832
(繰延税金資産)(＊2)	390	(法人税等調整額)	390

(＊1) 58,200千円〈残高試算表・完成工事未収入金〉＋157,000千円〈⑸の完成工事未収入金〉
＝215,200千円〈貸借対照表・完成工事未収入金〉
(28,000千円〈残高試算表・受取手形〉＋215,200千円〈完成工事未収入金〉)×２％
＝4,864千円〈設定額〉
4,864千円－1,032千円〈残高試算表・貸倒引当金〉＝3,832千円〈繰入額〉

(＊2) 1,300千円〈損金不算入額〉×30％〈実効税率〉＝390千円〈繰延税金資産〉

⑺ 完成工事補償引当金（差額補充法）

完成工事高にもとづいて完成工事補償引当金を設定します。なお、この時点で完成工事原価を計算することができます。

(未成工事支出金)(＊)	1,712	(完成工事補償引当金)	1,712

(＊) (285,000千円〈残高試算表・完成工事高〉＋222,000千円〈⑸の完成工事高〉)×0.5％
＝2,535千円〈設定額〉
2,535千円－823千円〈残高試算表・完成工事補償引当金〉＝1,712千円〈繰入額〉

未成工事支出金

T／B	195,068	⑷	180
⑵	6,000		202,600
⑺	1,712		

⑻　法人税、住民税及び事業税の計上と当期純利益の計算

収益と費用の差額から税引前当期純利益を求め、損金不算入額を調整することで課税所得を計算します。課税所得に実効税率を掛けることで法人税、住民税及び事業税を求めることができます。

(法人税、住民税及び事業税)(＊1)	9,108	(仮払法人税等)	5,600
		(未払法人税等)(＊2)	3,508

(＊1)　508,808千円〈収益合計〉－479,748千円〈費用合計〉＝29,060千円〈税引前当期純利益〉
29,060千円〈税引前当期純利益〉＋1,300千円〈損金不算入額〉＝30,360千円〈課税所得〉
30,360千円×30％〈実効税率〉＝9,108千円〈法人税、住民税及び事業税〉

(＊2)　貸借差額

なお、資料9．に「税効果を考慮した上で、当期純損益を計上する。」とあることから、税引前当期純利益に対して、税効果後の法人税、住民税及び事業税が30％となるように計算することもできます。(単位：千円)

税引前当期純利益		29,060	
法人税、住民税及び事業税	9,108		
法人税等調整額	△390	8,718	←29,060千円×30％
当期純利益		20,342	

29,060千円〈税引前当期純利益〉×30％〈実効税率〉
＝8,718千円〈税効果後の法人税、住民税及び事業税〉
8,718千円＋390千円〈法人税等調整額〉
＝9,108千円〈税効果前の法人税、住民税及び事業税〉

第33回　解答・解説

第1問　**20点**　解答にあたっては、各問とも指定した字数以内（句読点を含む）で記入すること。

●数字…予想配点

問1

偶発債務とは、現在は法律上の債務ではないが、将来一定の条件の発生によって法律上の債務となる可能性をもつものをいい、❸その発生原因としては、受取手形の割引または譲渡、❶子会社等に対する債務保証、❶係争中の訴訟事件、❶得意先に対する製品の保証、❶先物売買契約などが考えられる。❶

問2

偶発債務のうち、その発生の確率も低く、その金額も正確に見積もれないものは、通常、財務諸表の注記事項として「割引手形の額」、「従業員に対する債務保証の額」などを記載する。❹

これに対して、その発生の確率が高く、かつ、その金額も合理的に見積もることのできる偶発債務については、これを引当金として計上しなければならない。❹この場合、その引当額は「債務保証損失引当金」、「損害補償損失引当金」などの科目で貸借対照表の負債の部に計上されることになる。❹

解説

問１　「偶発債務」に関する説明とその発生原因

偶発債務とは、現実に発生していない債務で、現在は可能性としての債務であるが、将来ある事象が発生すれば現実の債務として事業の負担となる可能性のあるものをいいます。

偶発債務の例として次のようなものが挙げられます。

・手形遡及義務：受取手形の割引または裏書譲渡を行った場合において、支払人が支払不能または不渡りとなったことによる手形代金の支払義務

・債　務　保　証：保証人となり、その主たる債務者が支払不能となった場合や、子会社が債務不履行となった場合において、債務を代わりに履行する義務

・係争中の事件：訴訟により損害賠償請求がなされ、将来、敗訴が確定した場合における損害賠償義務

問２　「偶発債務」の発生確率の高低に応じた財務諸表における表示方法の相違

偶発債務は、その発生可能性の程度により、財務諸表における表示方法が異なります。

偶発債務が現実の債務となって損失をもたらす可能性が低い場合であっても、企業に多大な損失と負債をもたらし経営成績及び財政状態に重大な影響を及ぼすおそれがあるものについては、重要性の乏しいものを除き、注記により開示することが求められています。

一方、偶発債務が現実の債務となって損失をもたらす可能性が高く、かつ、その金額を合理的に見積もることができる場合には、当該偶発債務に対して引当金を設定します。

第2問　14点

●数字…予想配点

記号（ア～チ）

1	2	3	4	5	6	7	8
カ	ス	ソ	サ	イ	シ	エ	タ
❷	❷	❷	❷	❷	❶	❷	❶

解説

⑴　建設業における棚卸資産

建設業における棚卸資産には、未成工事支出金と材料貯蔵品があります。

未成工事支出金とは、引き渡しを完了していない工事に要した工事費や材料購入、外注のための前渡金、手付金等をいいます。ただし、長期の未成工事に要した工事費で工事進行基

準によって完成工事原価に含めたものは除きます。

材料貯蔵品とは、手持ちの工事用材料及び消耗工具器具等や、事務用消耗品等のうち未成工事支出金、完成工事原価または販売費及び一般管理費として処理されなかったものをいいます。

⑵ 建設業における固定資産

建設業における固定資産には、有形固定資産、無形固定資産、投資その他の資産があります。有形固定資産は実物として目に見える資産ですが、無形固定資産は権利などの目に見えない資産です。投資その他の資産には問題文以外にも、破産債権、更生債権等や繰延税金資産などが該当します。

第3問　16点

●数字…予想配点

記号（AまたはB）

1	2	3	4	5	6	7	8
B	B	A	B	B	A	B	A

各❷

解説

認められないもの「B」について解説します。

1．新株予約権について、権利が行使されずに権利行使期間が到来したときは、資本金に振り替えるのではなく、新株予約権戻入益（特別利益）として処理します。

2．年金基金から退職年金が支払われた場合、退職給付債務は減少しますが、同額の年金資産も減少するため、退職給付引当金は減少しません。

4．資本金を減少させた際に発生した差益を資本金減少差益といい、その他資本剰余金として計上します。

5．当期末の正味売却価額が取得原価よりも下落している場合には、正味売却価額をもって貸借対照表に計上されます。将来の価格下落による損失に備えるための引当金の計上は認められません。

7．簿外負債の処理は、非重要な未払費用、前受収益、負債性引当金といった期末整理項目に限定されます。期中に負債として認識した買掛金等のような項目の簿外処理は認められません。（科目の重要性）

第4問　14点

●数字…予想配点

①	1056	千円	❷
②	△10560	千円	❷
③	90000	千円	❷
④	60000	千円	❷
⑤	16500	千円	❷
⑥	67000	千円	❷
⑦	635240	千円	❷

解説

(1)　剰余金の処分

①　剰余金の配当

繰越利益剰余金を財源として配当を行う場合、準備金の合計額が資本金の４分の１に達するまで、配当の10分の１の額を利益準備金として積み立てます。

(繰越利益剰余金)(＊3)	11,616	(未払配当金)(＊1)	10,560
		(利益準備金)(＊2)	1,056

(＊1)　@330円×32,000株〈発行済株式総数〉＝10,560千円〈配当金額〉

(＊2)　10,560千円÷10＝1,056千円〈要積立額〉
295,000千円〈資本金〉÷４－(12,300千円〈資本準備金〉＋26,400千円〈利益準備金〉)
＝35,050千円〈積立可能額〉
1,056千円　＜　35,050千円　　∴　1,056千円〈利益準備金積立額〉

(＊3)　10,560千円＋1,056千円＝11,616千円

②　別途積立金の積立

(繰越利益剰余金)	3,000	(別途積立金)	3,000

(2) 吸収合併

吸収合併の対価として交付した新株の時価が、受け入れた資産・負債の時価の純額を上回る場合には、その差額をのれんとして計上します。また、増加する資本は、問題文の指示にしたがって計上します。

(諸　資　産)	360,000	(諸　負　債)	240,000
(の　れ　ん)(＊)	30,000	(資　本　金)	90,000
		(資 本 準 備 金)	40,000
		(その他資本剰余金)	20,000

(＊) 貸借差額

(3) 新株の発行

払込金のうち、２分の１を資本金として計上し、残額を資本準備金として計上します。また、増資による株式の発行にかかった手数料その他の支出は、株式交付費として計上します。

(現　金　預　金)(＊1)	33,000	(資　本　金)(＊2)	16,500
		(資 本 準 備 金)(＊2)	16,500
(株 式 交 付 費)	500	(現　金　預　金)	500

(＊1) @16,500円×2,000株〈発行株式数〉＝33,000千円〈払込金額〉

(＊2) 33,000千円÷２＝16,500千円

(4) 当期純利益

(損　益)	67,000	(繰越利益剰余金)	67,000

(5) 株主資本等変動計算書

株主資本等変動計算書（一部）の空欄を埋めると次のとおりです。

株主資本等変動計算書（一部）

自20×6年４月１日　至20×7年３月31日　　　（単位：千円）

	株主資本								
		資本剰余金			利益剰余金				
	資本金	資本準備金	その他資本剰余金	資本剰余金合計	利益準備金	その他利益剰余金		利益剰余金合計	株主資本合計
						別途積立金	繰越利益剰余金		
当期首残高	295,000	12,300	26,500	38,800	26,400	5,000	30,600	62,000	395,800
当期変動額									
剰余金の配当					1,056		△11,616	△10,560	△10,560
別途積立金の積立						3,000	△3,000		
吸収合併	90,000	40,000	20,000	60,000					150,000
新株の発行	16,500	16,500		16,500					33,000
当期純利益							67,000	67,000	67,000
当期変動額合計	106,500	56,500	20,000	76,500	1,056	3,000	52,384	56,440	239,440
当期末残高	401,500	68,800	46,500	115,300	27,456	8,000	82,984	118,440	635,240

第5問　36点

●数字…予想配点

精　算　表

（単位：千円）

勘定科目	残高試算表 借方	残高試算表 貸方	整理記入 借方	整理記入 貸方	損益計算書 借方	損益計算書 貸方	貸借対照表 借方	貸借対照表 貸方
現金預金	7296						7296	
受取手形	12000						12000	
完成工事未収入金	26300		245500				271800	
貸倒引当金		216		5460				❸5676
貸付金	5000			140			4860	
未成工事支出金	231237		3400 1993	130 236500				
仮払法人税等	9800			9800				
機械装置	34000			985			33015	
機械装置減価償却累計額		13600		3400				17000
土地	24000						24000	
投資有価証券	14775		75	300			❸14550	
その他の諸資産	10095						10095	
工事未払金		33661						33661
未成工事受入金		30000	30000					
完成工事補償引当金		467		1993				❸2460
退職給付引当金		26652	130	250				❸26772
その他の諸負債		21897						21897
資本金		180000						180000
資本準備金		18000						18000
利益準備金		16000						16000
繰越利益剰余金		3200						3200
完成工事高		216530		275500		❸492030		
雑収入		1157				1157		
有価証券利息		150		75		225		
完成工事原価	165859		236500		❸402359			
販売費及び一般管理費	18632		250		18882			
その他の諸費用	2536				2536			
	561530	561530						
機械装置減損損失			985		❸985			
為替差損益			140		❸140			
貸倒引当金繰入額			5460		5460			
その他有価証券評価差額金			210				210	
繰延税金資産			90 330				❸420	
未払法人税等				9445				9445
法人税、住民税及び事業税			19245		❸19245			
法人税等調整額				330		❸330		
			544308	544308	449607	493742	378246	334111
当期（純利益）					❸44135			44135
					493742	493742	378246	378246

解説

(1) 機械装置

① 減価償却

(未成工事支出金)(＊)	3,400	(機械装置減価償却累計額)	3,400

(＊) 34,000千円〈取得原価〉÷10年＝3,400千円

② 減損損失

期末に減損の兆候が見られたため、減損損失を認識するか判定し、認識する場合は減損損失を計上します。

(機械装置減損損失)(＊)	985	(機械装置)	985

(＊) 34,000千円〈取得原価〉－(13,600千円〈残高試算表・減価償却累計額〉＋3,400千円)
＝17,000千円〈帳簿価額〉
17,000千円〈帳簿価額〉 ＞ 16,500千円〈割引前のキャッシュ・フローの総額〉
∴ 減損損失を認識する
17,000千円〈帳簿価額〉－16,015千円〈割引後のキャッシュ・フローの総額＝回収可能価額〉＝985千円

(2) 貸付金（外貨建）

(為替差損益)(＊)	140	(貸付金)	140

(＊) 2,700千円÷@135円〈ＨＲ〉＝20千ドル
20千ドル×@128円〈ＣＲ〉＝2,560千円〈換算後の貸付金〉
2,560千円－2,700千円＝△140千円〈為替差損〉

(3) 投資有価証券（その他有価証券）

① 償却原価法（定額法）

(投資有価証券)(＊)	75	(有価証券利息)	75

(＊) 15,000千円〈額面総額〉× $\frac{@98.5円}{@100円}$ ＝14,775千円〈取得原価〉

(15,000千円－14,775千円)÷３年＝75千円〈償却額〉

② 時価評価

その他有価証券を時価評価します。また、税効果会計を適用します。なお、精算表上に「その他有価証券評価差額金」があるため、全部純資産直入法で処理します。

(繰延税金資産)(＊2)	90	(投資有価証券)(＊1)	300
(その他有価証券評価差額金)(＊3)	210		

(＊1) 14,550千円〈期末時価〉－(14,775千円〈残高試算表・投資有価証券〉＋75千円〈償却額〉)
＝△300千円〈評価損〉

(＊2) 300千円×30％〈実効税率〉＝90千円

(＊3) 300千円－90千円＝210千円

⑷ 退職給付引当金の計上（予定計上額の修正と販売費及び一般管理費の計上）

問題文の指示にしたがい、予定計上額と実際発生額との差額は工事原価として未成工事支出金で処理します。

(退職給付引当金)(＊)	130	(未成工事支出金)	130
(販売費及び一般管理費)	250	(退職給付引当金)	250

(＊) 250千円×12ヵ月＝3,000千円〈予定計上額〉
2,870千円〈実際発生額〉－3,000千円＝△130千円〈減算修正〉

⑸ 未成工事支出金の完成工事原価への振替えと完成工事高の計上

各期の工事進捗度を求めてから、各期までの完成工事高を計算します。なお、この時点では完成工事補償引当金の計上が未処理となっていますが、当期の工事原価発生額236,500千円が資料に与えられているので、先に未成工事支出金から完成工事原価へ振り替えます。

(完成工事原価)(＊1)	236,500	(未成工事支出金)	236,500
(未成工事受入金)(＊3)	30,000	(完成工事高)(＊2)	275,500
(完成工事未収入金)(＊4)	245,500		

(＊1) 第3期の工事原価発生額

(＊2) $\frac{135{,}000\text{千円}+115{,}000\text{千円}}{600{,}000\text{千円}}=\frac{250{,}000\text{千円}}{600{,}000\text{千円}}$〈第2期までの工事進捗度〉

840,000千円〈当初契約時の請負工事代金〉× $\frac{250{,}000\text{千円}}{600{,}000\text{千円}}$
＝350,000千円〈第2期までの完成工事高〉

$\frac{135{,}000\text{千円}+115{,}000\text{千円}+236{,}500\text{千円}}{700{,}000\text{千円}}=0.695$〈第3期までの工事進捗度〉

900,000千円〈変更後の請負工事代金〉×0.695－350,000千円
＝275,500千円〈第3期の完成工事高〉

(＊3) 200,000千円＋180,000千円－350,000千円＝30,000千円〈残高試算表・未成工事受入金〉

(＊4) 貸借差額

⑹ 貸倒引当金（差額補充法）と税効果会計

差額補充法により貸倒引当金を計上します。また、税効果会計を適用します。

(貸倒引当金繰入額)(＊1)	5,460	(貸倒引当金)	5,460
(繰延税金資産)(＊2)	330	(法人税等調整額)	330

(＊1) 26,300千円〈残高試算表・完成工事未収入金〉＋245,500千円〈⑸の完成工事未収入金〉
＝271,800千円〈貸借対照表・完成工事未収入金〉
(12,000千円〈残高試算表・受取手形〉＋271,800千円〈完成工事未収入金〉)×2％
＝5,676千円〈貸倒引当金設定額〉
5,676千円－216千円〈残高試算表・貸倒引当金〉＝5,460千円〈繰入額〉

(＊2) 1,100千円〈損金不算入額〉×30％〈実効税率〉＝330千円〈繰延税金資産〉

⑺ 完成工事補償引当金（差額補充法）

完成工事高にもとづいて完成工事補償引当金を設定します。なお、この時点で完成工事原価を計算することができます。

（未成工事支出金）（＊）	1,993	（完成工事補償引当金）	1,993

（＊）（216,530千円〈残高試算表・完成工事高〉＋275,500千円〈⑸の完成工事高〉）×0.5%
≒2,460千円〈完成工事補償引当金設定額〉（千円未満切捨て）
2,460千円－467千円〈残高試算表・完成工事補償引当金〉＝1,993千円〈繰入額〉

未成工事支出金

T/B	231,237千円	⑷	130千円
⑴	3,400千円		236,500千円
⑺	1,993千円		

⑻ 法人税、住民税及び事業税の計上と当期純利益の計算

収益と費用の差額から税引前当期純利益を求め、損金不算入額を調整することで課税所得を計算します。課税所得に実効税率を掛けることで法人税、住民税及び事業税を求めることができます。

（法人税、住民税及び事業税）（＊1）	19,245	（仮払法人税等）	9,800
		（未払法人税等）（＊2）	9,445

（＊1）493,412千円〈収益合計〉－430,362千円〈費用合計〉＝63,050千円〈税引前当期純利益〉
63,050千円〈税引前当期純利益〉＋1,100千円〈損金不算入額〉＝64,150千円〈課税所得〉
64,150千円〈課税所得〉×30%〈実効税率〉＝19,245千円〈法人税、住民税及び事業税〉
（＊2）貸借差額

なお、資料9．に「税効果を考慮した上で、当期純損益を計上する。」とあることから、税引前当期純利益に対して、税効果後の法人税、住民税及び事業税が30%となるように計算することもできます（単位：千円）。

税引前当期純利益		63,050	
法人税、住民税及び事業税	19,245		
法人税等調整額	△330	18,915	←63,050千円×30%
当期純利益		44,135	

63,050千円〈税引前当期純利益〉×30%〈実効税率〉
＝18,915千円〈税効果後の法人税、住民税及び事業税〉
18,915千円＋330千円〈法人税等調整額〉
＝19,245千円〈税効果前の法人税、住民税及び事業税〉

第34回　解答・解説

第1問　20点　解答にあたっては、各問とも指定した字数以内（句読点を含む）で記入すること。

●数字…予想配点

問1

長期前払費用と繰延資産は、両者とも、換金性が著しく薄い、ないしは、有しない点で共通の性質をもっているという類似点がある。❸一方、長期前払費用が対価に見合う役務を未だ受け取っていない点で「未費消原価」という性質をもつのに対し、❷繰延資産は、すでに役務を受入れ消費している点で「費消済原価」という性質をもっているという相違点がある。❷このように、両者は、役務が消費済みであるか否かによって区別されるのである。❸

問2

長期前払費用、繰延資産はともに、支出の期間配分基準として「時間」を適用している点で共通しているという、会計処理上の類似点がある。❸一方、長期前払費用は、原則として、その資産計上が強制されるのに対し、❷繰延資産の場合には、当該支出を繰延経理するか発生した期の費用として処理するかは、企業の自主性に委ねられているという、会計処理上の相違点がある。❷この違いは、配分期間の予測などにも反映している。繰延資産の償却期間は人為的に決められ、早期の費用化が求められる。❸

解説

問１　「長期前払費用」と「繰延資産」の性質上の類似点と相違点

長期前払費用とは、前払いした費用のうち、決算日から１年を超えた部分の費用を資産として繰り延べたものをいいます。

一方、繰延資産とは、以下の３つの要件を満たしたもののうち資産計上したものをいいます。

① すでに対価の支払いが完了し、または支払義務が確定していること。
② ①に対応する役務（サービス）の提供を受けていること。
③ その効果が将来にわたって発現するものと期待されること。

長期前払費用と繰延資産は換金性がない（もしくは薄い）という点で類似していますが、長期前払費用は対価に見合う役務の提供を受けていないが、繰延資産は対価に見合う役務の提供を受けているという点で異なります。

問２　「長期前払費用」と「繰延資産」の会計処理上の類似点と相違点

長期前払費用と繰延資産は支出の期間配分基準として時間を適用している点で類似しています。

相違点としては、長期前払費用は、前払費用と同様に経過勘定であり、資産計上が強制されていますが、一方、繰延資産は資産計上（繰延処理）するか、発生した期の費用として処理するかを、企業は選択することができます。

第２問　14点

●数字…予想配点

記号（ア～チ）

1	2	3	4	5	6	7
ソ	イ	キ	カ	ス	エ	チ

各❷

解説

⑴　企業会計原則における損益計算

企業会計原則には、「費用及び収益は、その発生源泉に従って明瞭に分類し、各収益項目とそれに関連する費用項目とを損益計算書に対応表示しなければならない」と示されています。

つまり、収益の獲得活動と関係するものと、それ以外のものを区別し、収益の獲得活動と関係をもつものを費用とし、それ以外のものを損失とします。

(2) 企業会計原則・貸借対照表原則五における資産の価額と費用配分

企業会計原則の貸借対照表原則五には「資産の貸借対照表価額」について示されています。

貸借対照表に記載する資産の価額は、原則として、当該資産の取得原価を基礎として計上しなければなりません（取得原価主義）。

そして、資産の取得原価は利用期間にわたって費用として計画的・規則的に各期に配分します（費用配分の原則）。

第3問 16点

●数字…予想配点

記号（AまたはB）

1	2	3	4	5	6	7	8	
A	A	B	A	A	B	B	A	各❷

解説

認められないもの「B」について解説します。

3．固定資産を自家建設した場合には原則として借入れに対する支払利息を取得原価に含めませんが、自家建設のための借入金等にかかる利息で固定資産の稼働前の期間に属するものは取得原価に含めることが容認されます。

6．ソフトウェアを利用することで将来の収益獲得や費用の削減が確実と認められる場合には、ソフトウェアの購入費を無形固定資産として計上します。

7．会社設立に要した費用は、創立費として処理します。また、創立費を繰延資産として計上した場合は、5年以内の定額法により償却します。

第4問　14点

●数字…予想配点

問1	3500 千円	❹
問2	7050 千円	❺
問3	7550 千円	❺

解説

⑴　子会社（S社）の資産および負債の評価替え（全面時価評価法）

支配獲得時におけるS社の簿価と時価の差額を評価差額として、連結会計上反映させます。

（諸　資　産）（＊1）	5,000	（諸　負　債）（＊2）	1,500
		（評　価　差　額）（＊3）	3,500

（＊1）68,000千円〈時価〉－63,000千円〈B／S価額〉＝5,000千円

（＊2）44,500千円〈時価〉－43,000千円〈B／S価額〉＝1,500千円

（＊3）5,000千円－1,500千円＝3,500千円〈評価差額〉

⑵　親会社（P社）の投資と 子会社（S社）の資本の相殺消去

（資　本　金）	18,000	（S　社　株　式）	24,000
（利　益　剰　余　金）	2,000	（非支配株主持分）（＊1）	7,050
（評　価　差　額）	3,500		
（の　れ　ん）（＊2）	7,550		

（＊1）18,000千円〈資本金〉＋2,000千円〈利益剰余金〉＋3,500千円〈評価差額〉
＝23,500千円〈S社資本合計〉
23,500千円〈S社資本合計〉×30％＝7,050千円〈非支配株主持分〉

（＊2）23,500千円〈S社資本合計〉×70％＝16,450千円〈P社持分〉
24,000千円〈S社株式〉－16,450千円〈P社持分〉＝7,550千円〈のれん〉

第5問　36点

●数字…予想配点

精　算　表

（単位：千円）

勘定科目	残高試算表		整理記入		損益計算書		貸借対照表	
	借方	貸方	借方	貸方	借方	貸方	借方	貸方
現金預金	7153						7153	
受取手形	24000						24000	
完成工事未収入金	36500		250600				❸287100	
貸倒引当金		250		5972				❸6222
未成工事支出金	250460		8000 190 1850	260500				
仮払法人税等	8600			8600				
機械装置	80000			20000			60000	
機械装置減価償却累計額		16000	6000	8000				❸18000
土地	20000						20000	
定期預金	30000		600				30600	
投資有価証券	17000		200				17200	
その他の諸資産	11582						11582	
工事未払金		36168						36168
未成工事受入金		50000	50000					
完成工事補償引当金		1216		1850				3066
退職給付引当金		124793		1500				126293
その他の諸負債		20684						20684
資本金		180000						180000
資本準備金		15000						15000
利益準備金		8000						8000
繰越利益剰余金		3000						3000
完成工事高		312600		300600		❸613200		
完成工事原価	259800		260500		❸520300			
受取利息	600			1212		❸612		
雑収入		1863				1863		
販売費及び一般管理費	20089		1310		❸21399			
その他の諸費用	3790				3790			
	769574	769574						
固定資産除却損			14000		❸14000			
未収利息			612				612	
貸倒引当金繰入額			5972		5972			
その他有価証券評価差額金				140				❸140
繰延税金資産			666				666	
繰延税金負債				60				60
未払法人税等				7130				❸7130
法人税、住民税及び事業税			15730		15730			
法人税等調整額				666		❸666		
			616230	616230	581191	616341	458913	423763
当期（純利益）					❸35150			35150
					616341	616341	458913	458913

解説

(1) 機械装置

① 減価償却（4台分）

(未成工事支出金)(＊)	8,000	(機械装置減価償却累計額)	8,000

（＊）80,000千円〈取得原価〉÷10年＝8,000千円

② 除却（1台分）

決算日に水没によって廃棄処分した機械装置を除却します。

(機械装置減価償却累計額)(＊2)	6,000	(機械装置)(＊1)	20,000
(固定資産除却損)(＊3)	14,000		

（＊1）80,000千円〈4台分の取得原価〉÷4台＝20,000千円〈1台分の取得原価〉

（＊2）20,000千円〈1台分の取得原価〉÷10年×3年＝6,000千円

（＊3）貸借差額

(2) 定期預金（元利継続式）

元利継続式で契約しているため、受取利息を定期預金に預け入れます。

① 前期末の未収利息の計上

(未収利息)(＊)	600	(受取利息)	600

（＊）30,000千円×2％＝600千円

② 当期首の再振替仕訳

問題文からすでに処理済みの仕訳と判断できます。

(受取利息)	600	(未収利息)	600

③ 受取利息（前期分）の元金への預入れと当期末の未収利息の計上

当期の受取利息は、当期に定期預金へあらたに預け入れた金額を合算してから算定します。

(定期預金)(＊1)	600	(受取利息)(＊3)	1,212
(未収利息)(＊2)	612		

（＊1）30,000千円×2％＝600千円

（＊2）(30,000千円＋600千円)×2％＝612千円

（＊3）600千円＋612千円＝1,212千円

(3) 投資有価証券（その他有価証券）

その他有価証券を時価評価します。また、税効果会計を適用します。

(投資有価証券)(＊1)	200	(繰延税金負債)(＊2)	60
		(その他有価証券評価差額金)(＊3)	140

（＊1）17,200千円〈期末時価〉－17,000千円〈残高試算表・投資有価証券〉＝200千円〈評価益〉

（＊2）200千円×30％〈実効税率〉＝60千円

（＊3）200千円－60千円＝140千円

⑷　退職給付引当金の計上

問題文の指示にしたがい、予定計上額と実際発生額との差額は工事原価として未成工事支出金で処理します。

(未成工事支出金)(＊1)	190	(退職給付引当金)(＊2)	1,500
(販売費及び一般管理費)	1,310		

(＊1) 980千円×12ヵ月＝11,760千円〈予定計上額〉
11,950千円〈実際発生額〉－11,760千円〈予定計上額〉＝190千円〈加算修正〉

(＊2) 190千円＋1,310千円＝1,500千円

⑸　未成工事支出金の完成工事原価への振替えと完成工事高の計上

各期の工事進捗度を求めてから、各期までの完成工事高を計算します。なお、この時点では完成工事補償引当金の計上が未処理となっていますが、当期の工事原価発生額260,500千円が資料に与えられているので、先に未成工事支出金から完成工事原価へ振り替えます。

(完成工事原価)(＊1)	260,500	(未成工事支出金)	260,500
(未成工事受入金)(＊3)	50,000	(完成工事高)(＊2)	300,600
(完成工事未収入金)(＊4)	250,600		

(＊1) 第３期の工事原価発生額

(＊2) $\dfrac{72,000\text{千円}+168,000\text{千円}}{600,000\text{千円}}=0.4$〈第２期までの工事進捗度〉

750,000千円〈契約時の請負工事代金〉×0.4＝300,000千円〈第２期までの完成工事高〉

$\dfrac{72,000\text{千円}+168,000\text{千円}+260,500\text{千円}}{650,000\text{千円}}=0.77$〈第３期までの工事進捗度〉

780,000千円〈変更後の請負工事代金〉×0.77－300,000千円
＝300,600千円〈第３期の完成工事高〉

(＊3) 100,000千円＋250,000千円－300,000千円＝50,000千円〈残高試算表・未成工事受入金〉

(＊4) 300,600千円－50,000千円＝250,600千円

⑹　貸倒引当金

差額補充法により貸倒引当金を計上します。また、税効果会計を適用します。

(貸倒引当金繰入額)(＊1)	5,972	(貸倒引当金)	5,972
(繰延税金資産)(＊2)	666	(法人税等調整額)	666

(＊1) 36,500千円〈残高試算表・完成工事未収入金〉＋250,600千円〈５．の完成工事未収入金〉
＝287,100千円〈貸借対照表・完成工事未収入金〉
(24,000千円〈残高試算表・受取手形〉＋287,100千円〈完成工事未収入金〉)×２％
＝6,222千円〈貸倒引当金設定額〉
6,222千円－250千円〈残高試算表・貸倒引当金〉＝5,972千円〈繰入額〉

(＊2) 2,222千円〈損金不算入額〉×30％〈実効税率〉
≒666千円〈繰延税金資産〉(千円未満切捨て)

⑺ 完成工事補償引当金（差額補充法）

完成工事高にもとづいて完成工事補償引当金を設定します。なお、この時点で完成工事原価を計算することができます。

（未成工事支出金）（＊）	1,850	（完成工事補償引当金）	1,850

（＊）（312,600千円〈残高試算表・完成工事高〉＋300,600千円〈５．の完成工事高〉）×0.5％
＝3,066千円〈完成工事補償引当金設定額〉
3,066千円－1,216千円〈残高試算表・完成工事補償引当金〉＝1,850千円〈繰入額〉
（注）この段階で５．の完成工事原価260,500千円を計算することができます。

未成工事支出金

T／B	250,460千円	260,500千円
⑴	8,000千円	
⑷	190千円	
⑺	1,850千円	

⑻ 法人税、住民税及び事業税の計上と当期純利益の計算

収益と費用の差額から税引前当期純利益を求め、損金不算入額を調整することで課税所得を計算します。課税所得に実効税率を掛けることで法人税、住民税及び事業税を求めることができます。

（法人税、住民税及び事業税）（＊1）	15,730	（仮払法人税等）	8,600
		（未払法人税等）（＊2）	7,130

（＊1）615,675千円〈収益合計〉－565,461千円〈費用合計〉＝50,214千円〈税引前当期純利益〉
50,214千円〈税引前当期純利益〉＋2,222千円〈損金不算入額〉＝52,436千円〈課税所得〉
52,436千円×30％〈実効税率〉
≒15,730千円〈法人税、住民税及び事業税〉（千円未満切捨て）
（＊2）貸借差額

なお、資料９．に「税効果を考慮した上で、当期純損益を計上する。」とあることから、税引前当期純利益に対して、税効果後の法人税、住民税及び事業税が30％となるように計算することもできます（単位：千円）。

税引前当期純利益		50,214	
法人税、住民税及び事業税	15,730		
法人税等調整額	△666	15,064	←50,214千円×30％（千円未満切捨て）
当期純利益		35,150	

50,214千円〈税引前当期純利益〉×30％〈実効税率〉
≒15,064千円〈税効果後の法人税、住民税及び事業税〉（千円未満切捨て）
15,064千円＋666千円〈法人税等調整額〉
＝15,730千円〈税効果前の法人税、住民税及び事業税〉

MEMO

スッキリとける問題集《もんだいしゅう》　建設業経《けんせつぎょうけい》理《り》士《し》1級《きゅう》　財務諸表《ざいむしょひょう》　第《だい》5版《はん》

2013年 9 月30日　　初　版　第1刷発行
2024年 6 月25日　　第5版　第1刷発行

編 著 者　滝　澤　な　な　み
　　　　　TAC出版開発グループ
発 行 者　多　田　敏　男
発 行 所　TAC株式会社　出版事業部
　　　　　（TAC出版）

〒101-8383
東京都千代田区神田三崎町3-2-18
電 話 03（5276）9492（営業）
FAX 03（5276）9674
https://shuppan.tac-school.co.jp

印　　刷　株式会社　ワ　コ　ー
製　　本　東京美術紙工協業組合

ISBN 978-4-300-11207-6
N.D.C. 336

会計業界の就職サポートは
安心のTAC
TACキャリアエージェントなら
BIG4・国内大手法人
就職支援実績多数！
税理士学習中の方
日商簿記学習中の方
会計士／USCPA学習中の方
会計業界で就業中の方で転職をお考えの方
会計業界でのお仕事に興味のある方
「残業なしで勉強時間を確保したい…」
「簿記３級から始められる仕事はあるの？」
といったご相談も大歓迎です！
スキマ時間に
PC・スマホ・タブレットで
WEB面談実施中!
忙しくて時間の取れない方、遠方にお住まいの方、ぜひご利用ください。
詳細はこちら!
https://tacnavi.com/accountant/web-mendan/
完全予約制
ご相談は無料です。会計業界を知り尽くしたプロのコンサルタントにご相談ください。
※相談時間は原則としてお一人様60分とさせていただきます。
【相談会場】
東京オフィス 03-3518-6775
大阪オフィス 06-6371-5851
名古屋オフィス（登録会場） 0120-757-655
shoukai@tac-school.co.jp
メールでご予約の際は、件名に「相談希望のオフィス」をご入力ください。
（例：相談希望 東京）
TAC
会計士・税理士専門の転職サポートサービス
キャリアエージェント

TAC出版 書籍のご案内

TAC出版では、資格の学校TAC各講座の定評ある執筆陣による資格試験の参考書をはじめ、資格取得者の開業法や仕事術、実務書、ビジネス書、一般書などを発行しています！

TAC出版の書籍

＊一部書籍は、早稲田経営出版のブランドにて刊行しております。

資格・検定試験の受験対策書籍

- 日商簿記検定
- 建設業経理士
- 全経簿記上級
- 税　理　士
- 公認会計士
- 社会保険労務士
- 中小企業診断士
- 証券アナリスト
- ファイナンシャルプランナー(FP)
- 証券外務員
- 貸金業務取扱主任者
- 不動産鑑定士
- 宅地建物取引士
- 賃貸不動産経営管理士
- マンション管理士
- 管理業務主任者
- 司法書士
- 行政書士
- 司法試験
- 弁理士
- 公務員試験(大卒程度・高卒者)
- 情報処理試験
- 介護福祉士
- ケアマネジャー
- 電験三種　ほか

実務書・ビジネス書

- 会計実務、税法、税務、経理
- 総務、労務、人事
- ビジネススキル、マナー、就職、自己啓発
- 資格取得者の開業法、仕事術、営業術

一般書・エンタメ書

- ファッション
- エッセイ、レシピ
- スポーツ
- 旅行ガイド（おとな旅プレミアム/旅コン）

TAC出版

(2024年2月現在)

書籍のご購入は

1 全国の書店、大学生協、ネット書店で

2 TAC各校の書籍コーナーで

資格の学校TACの校舎は全国に展開!
校舎のご確認はホームページにて

資格の学校TAC ホームページ
https://www.tac-school.co.jp

3 TAC出版書籍販売サイトで

CYBER BOOK STORE TAC出版書籍販売サイト

TAC 出版 で 検索

24時間
ご注文
受付中

https://bookstore.tac-school.co.jp/

新刊情報を
いち早くチェック!

たっぷり読める
立ち読み機能

学習お役立ちの
特設ページも充実!

TAC出版書籍販売サイト「サイバーブックストア」では、TAC出版および早稲田経営出版から刊行されている、すべての最新書籍をお取り扱いしています。
また、会員登録(無料)をしていただくことで、会員様限定キャンペーンのほか、送料無料サービス、メールマガジン配信サービス、マイページのご利用など、うれしい特典がたくさん受けられます。

サイバーブックストア会員は、特典がいっぱい! (一部抜粋)

通常、1万円(税込)未満のご注文につきましては、送料・手数料として500円(全国一律・税込)頂戴しておりますが、1冊から無料となります。

専用の「マイページ」は、「購入履歴・配送状況の確認」のほか、「ほしいものリスト」や「マイフォルダ」など、便利な機能が満載です。

メールマガジンでは、キャンペーンやおすすめ書籍、新刊情報のほか、「電子ブック版TACNEWS(ダイジェスト版)」をお届けします。

書籍の発売を、販売開始当日にメールにてお知らせします。これなら買い忘れの心配もありません。

書籍の正誤に関するご確認とお問合せについて

書籍の記載内容に誤りではないかと思われる箇所がございましたら、以下の手順にてご確認とお問合せをしてくださいますよう、お願い申し上げます。

なお、正誤のお問合せ以外の**書籍内容に関する解説および受験指導などは、一切行っておりません。**
そのようなお問合せにつきましては、お答えいたしかねますので、あらかじめご了承ください。

1 「Cyber Book Store」にて正誤表を確認する

TAC出版書籍販売サイト「Cyber Book Store」の
トップページ内「正誤表」コーナーにて、正誤表をご確認ください。

CYBER BOOK STORE TAC出版書籍販売サイト

URL:https://bookstore.tac-school.co.jp/

2 1の正誤表がない、あるいは正誤表に該当箇所の記載がない ⇒ 下記①、②のどちらかの方法で文書にて問合せをする

★ご注意ください★

お電話でのお問合せは、お受けいたしません。
①、②のどちらの方法でも、お問合せの際には、「お名前」とともに、
「対象の書籍名(○級・第○回対策も含む)およびその版数(第○版・○○年度版など)」
「お問合せ該当箇所の頁数と行数」
「誤りと思われる記載」
「正しいとお考えになる記載とその根拠」
を明記してください。
なお、回答までに1週間前後を要する場合もございます。あらかじめご了承ください。

① ウェブページ「Cyber Book Store」内の「お問合せフォーム」より問合せをする

【お問合せフォームアドレス】

https://bookstore.tac-school.co.jp/inquiry/

② メールにより問合せをする

【メール宛先　TAC出版】

syuppan-h@tac-school.co.jp

※土日祝日はお問合せ対応をおこなっておりません。
※正誤のお問合せ対応は、該当書籍の改訂版刊行月末日までといたします。

乱丁・落丁による交換は、該当書籍の改訂版刊行月末日までといたします。なお、書籍の在庫状況等により、お受けできない場合もございます。
また、各種本試験の実施の延期、中止を理由とした本書の返品はお受けいたしません。返金もいたしかねますので、あらかじめご了承くださいますようお願い申し上げます。

TACにおける個人情報の取り扱いについて
■お預かりした個人情報は、TAC(株)で管理させていただき、お問合せへの対応、当社の記録保管にのみ利用いたします。お客様の同意なしに業務委託先以外の第三者に開示、提供することはございません(法令等により開示を求められた場合を除く)。その他、個人情報保護管理者、お預かりした個人情報の開示等及びTAC(株)への個人情報の提供の任意性については、当社ホームページ(https://www.tac-school.co.jp)をご覧いただくか、個人情報に関するお問い合わせ窓口(E-mail:privacy@tac-school.co.jp)までお問合せください。

(2022年7月現在)

別　冊
○論点別問題編　解答用紙
○過去問題編　　問題・解答用紙

〈ご利用時の注意〉

本冊子には**論点別問題編 解答用紙**と**過去問題編 問題・解答用紙**が収録されています。

この色紙を残したままていねいに抜き取り、ご利用ください。

本冊子は以下のような構造になっております。

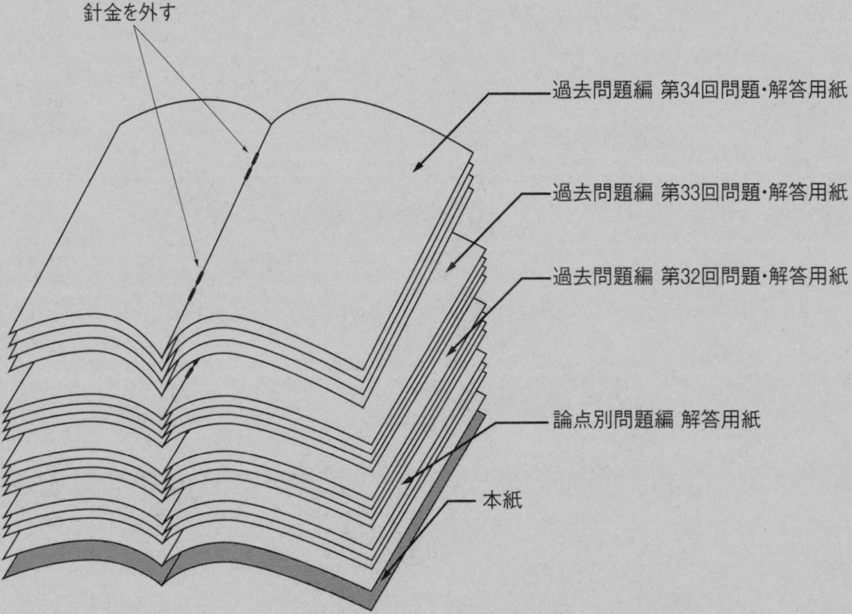

上下2カ所の針金を外してご使用ください。

針金を外す際には、ペンチ、軍手などを使用し、怪我などには十分ご注意ください。また、抜き取りの際の損傷についてのお取替えはご遠慮願います。

論点別問題編

解答用紙

解答用紙あり の問題の解答用紙です。

なお、仕訳問題の解答用紙が必要な方は
最終ページの仕訳シートをコピーしてご利用ください。

解答用紙はダウンロードもご利用いただけます。
TAC出版書籍販売サイト・サイバーブックストアにアクセスしてください。
https://bookstore.tac-school.co.jp/

問題 1

1	2	3	4	5	6

問題 2

名　称	

名　称	

名　称	

問題 3

①		⑥	
②		⑦	
③		⑧	
④		⑨	
⑤		⑩	

問題 4

	○または×	×の場合の理由
(1)		
(2)		
(3)		
(4)		
(5)		
(6)		

問題 5

①		⑧	
②		⑨	
③		⑩	
④		⑪	
⑤		⑫	
⑥		⑬	
⑦		⑭	

問題 6

①		⑧	
②		⑨	
③		⑩	
④		⑪	
⑤		⑫	
⑥		⑬	
⑦		⑭	

問題 7

問題 8

問題 9

問1

問2

問題 10

問題 11

問１　費用収益対応の原則の必要性

問２　工事原価が資産として次期に繰り越される場合

問題 12

①	②	③	④	⑤	⑥

問題 13

問題 14

甲　群	乙　群	丙　群
ア		
イ		
ウ		

問題 16

	第 1 期	第 2 期	第 3 期
工事収益	円	円	円
工事原価	円	円	円
工事利益	円	円	円

問題 17

①	②	③	④	⑤	⑥

問題 18

問題 19

①	②	③	④

問題 20

問１　費用配分の原則の意義

問２　費用配分のプロセス

問題 21

①		②	
③		④	

問題 25

ア		オ	
イ		カ	
ウ		キ	
エ			

問題 33

ア		キ	
イ		ク	
ウ		ケ	
エ		コ	
オ		サ	
カ		シ	

問題 35

①	②	③	④	⑤

問題 37

問題 38

問題 40

①	②	③	④	⑤	⑥	⑦	⑧
⑨	⑩	⑪	⑫	⑬	⑭	⑮	⑯

問題 42

過去問題編

問題・解答用紙

3回分収載

- 第32回試験（2023年3月実施）
- 第33回試験（2023年9月実施）
- 第34回試験（2024年3月実施）

解答用紙はダウンロードもご利用いただけます。
TAC出版書籍販売サイト・サイバーブックストアにアクセスしてください。
https://bookstore.tac-school.co.jp/

第32回　問題

第1問　20点　工事進行基準に関する以下の問に答えなさい。各問ともに指定した字数以内で記入すること。

問１　工事進行基準を説明するとともに、この基準の適用要件を答えなさい。(200字)

問２　総額請負契約、原価補償契約、単価精算契約それぞれについて、工事進行基準による工事収益額の測定方法を説明しなさい。(300字)

第2問　14点　建設業会計における負債に関する次の文中の［　　］の中に入れるべき最も適当な用語を下記の〈用語群〉の中から選び、その記号（ア～ネ）を解答用紙の所定の欄に記入しなさい。

負債は、その発生原因により、［ 1 ］取引から生じた債務、［ 2 ］取引から生じた債務、損益計算から生じた債務の３つに区別される。また、これらの負債は、［ 3 ］支出を伴うか否かにより［ 3 ］債務と非［ 3 ］債務の２つに区別される。

［ 1 ］取引から生じた債務のうち［ 3 ］債務は、手形債務とその他の［ 3 ］債務とに分け

第3問 16点 財務会計に関するわが国の基本的な考え方に照らして、以下の会計処理のうち、認められるものには「A」、認められないものには「B」を解答用紙の所定の欄に記入しなさい。

1．かねて発行していた新株予約権（自己新株予約権）を取得した。なお、自己新株予約権の代価と取得に要した付随費用とを合算して自己新株予約権の取得原価とした。

2．建設業を事業目的としている当社は、短期売買（トレーディング）目的で甲社株式を購入した。なお、キャッシュ・フロー計算書において、当該売買にかかるキャッシュ・フローは、その保有目的に合わせて営業活動によるキャッシュ・フローの区分に計上した。

3．耐用年数が到来したが、なお使用中の機械について、その金額が少額であったために、未償却残高（残存価額）を簿外資産として処理した。

4．使用中の機械が故障したが、工事に支障がないために修理は次期に行うこととした。これに伴い発生する修繕費についても、その金額が少額であったために、当期においては修繕引当金を計上しないこととした。

5．得意先への証票発行事務の時間的および経済的負担軽減を目的として専用のソフトウェアを購入した。その目的は十分に達成されていると判断できたが、当該ソフトウェアの購入費については、「研究開発費等に係る会計基準」に従い、当期の費用として処理した。

6．建設現場で使用する機械を購入したが、当社の資金繰りの関係上、販売会社に代金は5回の分割払いとすることを申し入れ承諾された。当期のキャッシュ・フロー計算書では、当該分割払い

工事原価　　　¥56,000,000

工事総利益　　¥14,000,000

（注）消費税は考慮しない。

3．ＪＶにおいて発生した取引は、各構成員に直ちに通知する。

4．ＪＶの会計処理は、独立会計方式による。

5．ＪＶの完成工事高については、工事完成基準で計上する。

問１　ＪＶは発注者より工事に係る前受金¥20,000,000を受け取り、直ちに当座預金に入金した。なお、この前受金は構成員に分配しない。ＪＶとＡ社の仕訳を示しなさい。

問２　工事原価¥56,000,000が発生したが、代金は未払いである。ＪＶはこの原価について各構成員に出資の請求をした。ＪＶとＢ社の仕訳を示しなさい。

問３　工事原価¥56,000,000を支払うため、前受金¥20,000,000で充当できない不足分につき構成員各社が現金で出資し、ＪＶは直ちに当座預金に入金した。ＪＶとＢ社の仕訳を示しなさい。

問４　ＪＶは問３の対価を、小切手を振り出して支払った。ＪＶとＡ社の仕訳を示しなさい。

問５　ＪＶの決算におけるＪＶとＡ社の仕訳を示しなさい。なお、工事は完成し、すでに発注者に引き渡し済みである。

〈勘定科目群〉

ア　現金　　　イ　当座預金　　　ウ　資本金　　　エ　完成工事原価

に、当該撤去・売却取引を次のように処理していたので修正する。なお、減価償却費は完成工事原価に計上する。

（借）	仮払金	1,050,000	（貸）現金預金	1,050,000
（借）	現金預金	2,120,000	（貸）仮受金	2,120,000

2．１で処理した機械装置以外の機械装置（同一機種で５台）は、20×1年４月１日に取得し、同日より使用を開始したものであり、取得した時点での条件は次のとおりである。

取得原価：60,000千円　　残存価額：ゼロ　　耐用年数：10年　　減価償却方法：定額法

しかし、これらの機械装置のうち１台が決算日に水没し、今後使用できないことが判明したために廃棄処分する。なお、減価償却費は全額未成工事支出金に計上し、廃棄処分に伴い発生する損失は固定資産除却損に計上すること。

3．有価証券はすべて20×6年４月１日に@97.0円で購入したＡ社社債（額面総額：20,000千円、年利：2.0%、利払日：毎年９月と３月の末日、償還期日：20×9年３月31日）である。この社債はその他有価証券に分類されており、期末の時価は19,950千円である。償却原価法（定額法）を適用すると共に評価替えを行う。また、実効税率を30%として税効果会計を適用する。

4．退職給付引当金への当期繰入額は3,050千円であり、このうち2,520千円は工事原価、530千円は販売費及び一般管理費である。なお、現場作業員の退職給付引当金については、月次原価計算で月額225千円の予定計算を実施しており、20×8年３月までの毎月の予定額は、未成工事支出金の借方と退職給付引当金の貸方にすでに計上されている。この予定計上額と実際発生額との差額は、未成工事支出金および退職給付引当金に加減する。

第32回　解答用紙

第1問　**20点**　解答にあたっては、各問とも指定した字数以内（句読点を含む）で記入すること。

問1

第2問　14点

記号（ア～ネ）

1	2	3	4	5	6	7

第3問　16点

記号（AまたはB）

1	2	3	4	5	6	7	8

第4問　14点

記号（ア～チ）も必ず記入のこと

		借　　方			貸　　方		
		記号	勘　定　科　目	金　　額	記号	勘　定　科　目	金　　額

第5問 36点

精算表

(単位：千円)

勘定科目	残高試算表 借方	残高試算表 貸方	整理記入 借方	整理記入 貸方	損益計算書 借方	損益計算書 貸方	貸借対照表 借方	貸借対照表 貸方
現金預金	6923							
受取手形	28000							
完成工事未収入金	58200							
貸倒引当金		1032						
未成工事支出金	195068							
仮払法人税等	5600							
仮払金	1050							
機械装置	80863							
機械装置減価償却累計額		51092						
資産除去債務		971						
土地	20000							
投資有価証券	19600							
その他の諸資産	33563							
仮受金		2120						
工事未払金		41688						
未成工事受入金		65000						

第33回　問題

第1問
20点

偶発債務に関する以下の問に答えなさい。各問ともに指定した字数以内で記入すること。

問1　偶発債務とは何かを説明するとともに、その発生原因を例示しなさい。(200字)

問2　偶発債務は、その発生確率の高低に応じて財務諸表における表示が異なっている。それぞれの場合における表示方法を説明しなさい。(300字)

第2問
14点

建設業会計における棚卸資産および固定資産について述べた次の文中の［　　］の中に入れるべき最も適当な用語を下記の〈用語群〉の中から選び、その記号（ア～チ）を解答用紙の所定の欄に記入しなさい。なお、（　　　）にあてはまる用語は各自推定すること。

棚卸資産は、販売を目的に保有され、あるいは生産その他企業の営業活動で（　　　）に保有される財・用役をいい、これらは、未成工事支出金および［ 1 ］の勘定で処理されている。未成工事支出金には、工事収益を未だ認識していない工事に要した材料費、労務費、外注費、経費といっ

第３問　16点

財務会計に関するわが国の基本的な考え方に照らして、以下の会計処理のうち、認められるものには「A」、認められないものには「B」を解答用紙の所定の欄に記入しなさい。

1．かねて発行していた新株予約権について、権利が行使されずに権利行使期限が到来したので、純資産の部に計上されていた新株予約権の発行に伴う払込金額を資本金に振り替えた。

2．当社は、従業員の退職給付について、確定給付型退職給付制度を採用し、外部の信託銀行に退職給付基金を積み立てている。当期末、退職した従業員に対して当該基金から退職金が支払われ、退職給付債務が減少したので退職給付引当金を減額した。

3．保有していた自己株式を売却したが、その際に処分差損が発生した。当該差損をその他資本剰余金から減額したが、減額しきれなかったので、不足分をその他利益剰余金（繰越利益剰余金）から減額した。

4．事業規模を縮小するに伴い資本金を減少させた。その際に発生した差益は、当期の損益として損益計算書に計上した。

5．期末に保有する工事用原材料の将来の価格下落による損失に備えるため、その残高に対して３％の引当金を設定した。

6．受取利息を入金時に認識してきたため、受取利息勘定の期末残高に期間未経過のものが含まれていたが、未経過の金額が相対的に小さいために期末整理を行わず、受取利息勘定の期末残高を当期の損益計算書に収益として計上した。

第4問 14点

次の〈資料〉に基づき、20×7年3月期（20×6年4月1日～20×7年3月31日）の株主資本等変動計算書（一部）を完成し、①～⑦にあてはまる金額を解答用紙の所定の欄に記入しなさい。なお、金額がマイナスの場合には、金額の前に△をつけること。

〈資料〉

1．20×6年6月24日に開催された定時株主総会において、剰余金の処分が次のとおり承認された。

(1) 繰越利益剰余金を財源とし、株主への配当金を1株につき330円にて実施する。なお、この時点における当社の発行済株式総数は32,000株である。あわせて、会社法で規定する額の利益準備金を計上する。

(2) 別途積立金を新たに3,000千円計上する。

2．20×6年7月25日に㈱A建設を吸収合併した。同社の諸資産（時価）は360,000千円、諸負債（時価）は240,000千円であった。合併の対価として、同社の株主に対して当社の新株10,000株（時価@15,000円）を交付し、資本金増加額は90,000千円、資本準備金増加額は40,000千円、およびその他資本剰余金増加額は20,000千円とした。

3．20×6年12月15日に増資を行い、2,000株を1株につき16,500円で発行した。払込金は全額当座預金に預け入れた。資本金は、会社法で規定する最低額を計上することとした。なお、増資に当たり手数料その他の支出として500千円を現金で支払った。

第5問 36点

次の〈決算整理事項等〉に基づき、解答用紙に示されているX建設株式会社の当会計年度（20×5年4月1日〜20×6年3月31日）に係る精算表を完成しなさい。

ただし、計算過程で端数が生じた場合は、千円未満の端数を切り捨てること。なお、整理の過程で新たに生じる勘定科目で、精算表上に指定されている科目は、そこに記入すること。

〈決算整理事項等〉

1．機械装置は、20×1年4月1日に取得し、同日より使用を開始したものであり、取得した時点での条件は次のとおりである。

取得原価　34,000千円　残存価額　ゼロ　耐用年数　10年　減価償却方法　定額法

この資産について、期末に減損の兆候が見られたため、割引前のキャッシュ・フローの総額を見積もったところ、16,500千円であった。また、割引後のキャッシュ・フローの総額は16,015千円と算定され、これは正味売却価額よりも大きかった。なお、減価償却費は未成工事支出金に計上し、減損損失は機械装置減損損失に計上すること。

2．貸付金5,000千円のうち2,700千円は、１ドル＝135円の時に貸し付けたものである。期末時点の為替レートは、１ドル＝128円である。

3．有価証券はすべて当期首に@98.5円で購入したA社社債（額面総額：15,000千円、年利：1.0%、利払日：毎年９月と３月の末日、償還期日：20×8年３月31日）である。この社債はその他有価証券に分類されており、期末の時価は14,550千円である。償却原価法（定額法）

第33回　解答用紙

第1問　20点

解答にあたっては、各問とも指定した字数以内（句読点を含む）で記入すること。

問1

第2問　14点

記号（ア～チ）

1	2	3	4	5	6	7	8

第3問　16点

記号（AまたはB）

1	2	3	4	5	6	7	8

第4問　14点

①　　　　千円

②　　　　千円

第5問 36点

精算表

（単位：千円）

勘定科目	残高試算表 借方	残高試算表 貸方	整理記入 借方	整理記入 貸方	損益計算書 借方	損益計算書 貸方	貸借対照表 借方	貸借対照表 貸方
現金預金	7296							
受取手形	12000							
完成工事未収入金	26300							
貸倒引当金		216						
貸付金	5000							
未成工事支出金	231237							
仮払法人税等	9800							
機械装置	34000							
機械装置減価償却累計額		13600						
土地	24000							
投資有価証券	14775							
その他の諸資産	10095							
工事未払金		33661						
未成工事受入金		30000						
完成工事補償引当金		467						
退職給付引当金		26652						
その他の諸負債		21897						
資本金		180000						

第34回　問題

第1問
20点

長期前払費用と繰延資産に関する以下の問に答えなさい。各問ともに指定した字数以内で記入すること。

問1　両者の性質上の類似点と相違点を答えなさい。(250字)

問2　両者の会計処理上の類似点と相違点を答えなさい。(250字)

第2問
14点

費用および費用配分の原則に関する次の文中の［　　］の中に入れるべき最も適当な用語を下記の〈用語群〉の中から選び、その記号（ア～チ）を解答用紙の所定の欄に記入しなさい。

期間利益は期間収益からそれに対応する費用を差し引いて計算される。この対応計算を［　1　］的に行うためには、対応計算に先だって、財・［　2　］の減少部分を収益の獲得活動と関係をもつ部分とそれ以外の部分とに明確に区別しておくことが望ましく、かつ、必要なことはいうまでもない。企業会計原則においても、こうした理由から、収益の獲得活動と関係をもつ部分、すなわち「費用」と、それ以外の部分、すなわち「［　3　］」とを明確に区別すべきものとしている。

第3問 16点

財務会計に関するわが国の基本的な考え方に照らして、以下の各記述（1～8）のうち、全体が正しいと認められるものには「A」、認められないものには「B」を解答用紙の所定の欄に記入しなさい。

1．正規の簿記の原則は、帳簿記録の網羅性、検証可能性および秩序性を要請すると同時に、財務諸表がかかる会計記録に基づいて作成されるべきことを求めたものである。しかし、ここにいう記録の網羅性とは、すべての取引項目を完全に記録することを必ずしも要求していない。

2．明瞭性の原則は、財務諸表の利用者が広く社会の各階層に及んでいる事実認識を前提に、財務諸表の形式に関し、目的適合性、概観性と詳細性の調和、表示形式の統一性と継続性など、一定の要件を満たすことを要請する規範理念である。

3．工事用の機械を購入するにあたり銀行から資金を借り入れた。借入れに対する支払利息を、付随費用として当該機械の取得原価に含めることとした。

4．当期に行った新株の発行による収入、自己株式の取得による支出、配当金の支払いによる支出、社債の発行による収入を、キャッシュ・フロー計算書の財務活動によるキャッシュ・フローの区分に計上した。

5．保有している満期保有目的の債券についてデリバティブ取引によりヘッジを行ってきたが、ヘッジ手段の時価の下落が極めて大幅になったため、当該ヘッジ手段はヘッジの要件を充たさなくなったと判断し、ヘッジ会計を中止した。繰り延べてきたヘッジ手段に係る損失については、ヘッジ対象に係る損益が認識されるまで引き続き繰り延べることとした。

第4問 14点

次の〈資料〉に基づき、下の問に解答しなさい。

〈資料〉

20×1年4月1日にP株式会社は、S株式会社の発行済株式の70%を24,000千円で取得し、S株式会社を子会社とした。同日における両社の貸借対照表は、次のとおりである。なお、支配獲得時におけるS株式会社の資産の時価は68,000千円であり、負債の時価は44,500千円である。

貸 借 対 照 表

P株式会社　　20×1年4月1日現在　　（単位：千円）

S社株式	24,000	諸負債	54,000
その他諸資産	102,000	資本金	50,000
		利益剰余金	22,000
	126,000		126,000

貸 借 対 照 表

S株式会社　　20×1年4月1日現在　　（単位：千円）

諸資産	63,000	諸負債	43,000
		資本金	18,000
		利益剰余金	2,000
	63,000		63,000

第5問 36点

次の〈決算整理事項等〉に基づき、解答用紙に示されているY建設株式会社の当会計年度（20×4年4月1日～20×5年3月31日）に係る精算表を完成しなさい。

ただし、計算過程で端数が生じた場合は、千円未満の端数を切り捨てること。なお、整理の過程で新たに生じる勘定科目で、精算表上に指定されている科目は、そこに記入すること。また、経過勘定項目はすべて期首に再振替されている。

〈決算整理事項等〉

1．機械装置（同一機種で４台）は、20×2年４月１日に取得し、同日より使用を開始したものであり、取得した時点での条件は次のとおりである。

取得原価　80,000千円　　残存価額　ゼロ　　耐用年数　10年　　減価償却方法　定額法

しかし、これらの機械装置のうち１台が決算日に水没し、今後使用できないことが判明したために廃棄処分する。なお、減価償却費は未成工事支出金に計上し、廃棄処分に伴い発生する損失は固定資産除却損に計上すること。

2．定期預金は、20×3年４月１日に、年利２％、元利継続式（元利金を毎年継続して預入する方式）３年の契約で預け入れたものである。本年度末における未収利息を計上する。

3．有価証券はすべてその他有価証券であり、期末の時価は17,200千円である。実効税率を30％として税効果会計を適用する。

4．退職給付引当金への当期繰入額は13,260千円であり、このうち11,950千円は工事原価、1,310千円は販売費及び一般管理費である。なお、現場作業員の退職給付引当金については、

第34回　解答用紙

第1問　**20点**　解答にあたっては、各問とも指定した字数以内（句読点を含む）で記入すること。

問1

第2問　14点

記号（ア～チ）

1	2	3	4	5	6	7

第3問　16点

記号（AまたはB）

1	2	3	4	5	6	7	8

第4問　14点

問1　　千円

問2　　千円

第5問　36点

精　算　表

（単位：千円）

勘定科目	残高試算表		整理記入		損益計算書		貸借対照表	
	借方	貸方	借方	貸方	借方	貸方	借方	貸方
現金預金	7153							
受取手形	24000							
完成工事未収入金	36500							
貸倒引当金		250						
未成工事支出金	250460							
仮払法人税等	8600							
機械装置	80000							
機械装置減価償却累計額		16000						
土地	20000							
定期預金	30000							
投資有価証券	17000							
その他の諸資産	11582							
工事未払金		36168						
未成工事受入金		50000						
完成工事補償引当金		1216						
退職給付引当金		124793						
その他の諸負債		20684						
資本金		180000						

③固定資産の購入その他の通常の取引以外の取引により発生した債務がある。これらのうち、①は［ 4 ］の項目で、②と③は未払金またはその発生原因を示す名称の項目で貸借対照表に記載される。非［ 3 ］債務については、たとえば工事の請負代金の前受分は債務となるが、これは将来、建設物の引き渡し等のサービスの提供を通じて決済される。この点で［ 3 ］債務とは異なり、これは貸借対照表において［ 5 ］の項目で記載される。

［ 2 ］取引から生じた債務には借入金と社債の２つがある。これらのうち借入金は、貸借対照表上、期間の長短・借入先の違いなどにより、区別して記載される。

損益計算から生じた債務とは、期間利益の計算を正確に行うための期間収益・期間費用の帰属計算の結果生じた貸方項目をいう。これには、［ 6 ］、未払費用、および［ 7 ］がある。これらのうち、［ 6 ］と未払費用については、見越負債あるいは累積中の債務という一定の債務性が認められるが、［ 7 ］は条件付債務や非債務などであり、法的な性質は異なる。

〈用語群〉

ア　投資	イ　財務	ウ　資本	エ　積立金
オ　準備金	カ　引当金	キ　営業	ク　経常
コ　臨時	サ　完成工事未収入金	シ　未収入金	ス　工事未払金
セ　未収収益	ソ　前受収益	タ　前受金	チ　未成工事受入金
ト　未成工事支出金	ナ　流動	ニ　固定	ネ　金銭

7．機械装置の減価償却方法を、正当な理由により、定額法から定率法に変更した。減価償却方法の変更は会計方針の変更に該当するが、「会計方針の開示、会計上の変更及び誤謬の訂正に関する会計基準」に従い遡及適用は行わなかった。

8．当社は、取引先乙社の借入金について債務保証をしている。乙社の財政状況は良好で、当面、当該借入金が返済不能になる危険は見込まれないが、保守主義の観点から、当該借入金全額について債務保証損失引当金を計上し、その繰入額を当期の損益計算書に計上した。

第4問 14点

A社は、次の〈条件〉でB社と共同企業体（ジョイント・ベンチャー、以下、ＪＶという）を結成した。下の問１～問５に答えなさい。なお、仕訳において使用する勘定科目は下記の〈勘定科目群〉から選び、その記号（ア～チ）と勘定科目を書くこと。

〈条件〉

1．ＪＶの構成会社

A社（スポンサー企業）　　出資割合　70%

B社（サブ企業）　　　　　出資割合　30%

会計期間は両社とも１年間、決算期も同一である。

2．ＪＶ工事の内容

請負金額　　　￥70,000,000

セ　A社出資金　　ソ　B社出資金　　タ　工事未払金　　チ　未払分配金

第５問
36点

次の〈決算整理事項等〉に基づき、解答用紙に示されているＹ建設株式会社の当会計年度（20×7年４月１日～20×8年３月31日）に係る精算表を完成しなさい。

ただし、計算過程で端数が生じた場合は、計算の最終段階で千円未満の端数を切り捨てること。なお、整理の過程で新たに生じる勘定科目で、精算表上に指定されている科目は、そこに記入し、（　）については各自で考えること。

〈決算整理事項等〉

1．機械装置のうち１台は、20×3年４月１日に取得し、同日より使用を開始したものであり、取得した時点での条件は次のとおりである。

取得原価　20,000千円　　残存価額　2,000千円　　耐用年数　５年

減価償却方法　定額法

使用終了時に当該機械装置を撤去する契約上の義務があり、撤去に要する支出額は1,000千円と見積られた。

当該義務について資産除去債務を計上し（割引率３％）、処理を行ってきた。

当該機械装置の使用が20×8年３月31日に終了したので撤去すると共に売却した。撤去に要した実際の支出額は1,050千円、売却額は2,120千円であった。必要な決算処理を行うと同時

工事期間は４年（20×5年４月１日～20×9年３月31日）、当初契約時の工事収益総額は750,000千円、工事原価総額の見積額は630,000千円で、前受金として着手前に200,000千円、第２期末に150,000千円をそれぞれ受領している。

当期末までの工事原価発生額は、第１期が107,100千円、第２期が132,300千円、第３期が202,600千円であった。資材価格と人件費の高騰により、第３期首（当期首）に工事原価総額の見積りを680,000千円に変更するとともに、交渉により、請負工事代金総額を780,000千円とすることが認められた。

6．受取手形と完成工事未収入金の期末残高に対して２％の貸倒引当金を設定する（差額補充法）。このうち1,300千円については税務上損金算入が認められないため、実効税率を30％として税効果会計を適用する。

7．当期の完成工事高に対して0.5％の完成工事補償引当金を設定する（差額補充法）。

8．法人税、住民税及び事業税と未払法人税等を計上する。なお、実効税率は30％とする。

9．税効果を考慮した上で、当期純損益を計上する。

	A社											
問2	J V											
	B社											
問3	J V											
	B社											
問4	J V											
	A社											
問5	J V											
	A社											

その他の諸負債		38865						
資本金		100000						
資本準備金		15000						
利益準備金		3000						
繰越利益剰余金		2000						
完成工事高		285000						
完成工事原価	228240							
有価証券利息		400						
雑収入		1088						
販売費及び一般管理費	30496							
その他の諸費用	6600							
	714203	714203						
利息費用								
履行差額								
固定資産売却（　）								
固定資産除却損								
貸倒引当金繰入額								
その他有価証券評価差額金								
繰延税金資産								
繰延税金負債								
未払法人税等								
法人税、住民税及び事業税								
法人税等調整額								
当期（　　　）								

（未成工事支出金等で処理したものを除く）。

固定資産は、企業が営業目的を達成するために［ 4 ］にわたって使用し、あるいは保有する資産である。建設業法施行規則では、固定資産を有形固定資産、［ 5 ］および［ 6 ］の３つに分類している。有形固定資産には、建物、構築物、機械、運搬具、工具器具備品、土地、［ 7 ］などの有形物が含まれる。［ 5 ］には、特許権、借地権などの法律上の権利のほか、営業権のような事実上の権利が含まれる。また［ 6 ］に属するものとしては長期利殖を目的として保有する有価証券、子会社株式・出資金、長期貸付金などのほか、長期の［ 8 ］があげられる。

〈用語群〉

ア	繰延資産	イ	無形固定資産	ウ	完成工事高	エ	建設仮勘定
オ	減価償却累計額	カ	材料貯蔵品	キ	完成工事未収入金	ク	工事未払金
コ	短期間	サ	長期間	シ	投資その他の資産	ス	工事原価
セ	前受金	ソ	前渡金	タ	前払費用	チ	前受収益

広告費等に¥500,000支出した。これを社債発行費として繰延処理し、定額法で償却することとした。これにより、決算時に償却費¥50,000を計上した。

株主資本等変動計算書（一部）

自20×6年4月1日　至20×7年3月31日　（単位：千円）

	株主資本								
		資本剰余金			利益剰余金				
						その他利益剰余金			
	資本金	資本準備金	その他資本剰余金	資本剰余金合計	利益準備金	別途積立金	繰越利益剰余金	利益剰余金合計	株主資本合計
当期首残高	295,000	12,300	26,500	38,800	26,400	5,000	30,600	62,000	395,800
当期変動額									
剰余金の配当					①			②	
別途積立金の積立									
吸収合併	③			④					
新株の発行		⑤							
当期純利益							⑥		
当期変動額合計									
当期末残高									⑦

千円は販売費及び一般管理費である。なお、現場作業員の退職給付引当金については、月次原価計算で月額250千円の予定計算を実施しており、20×6年３月までの毎月の予定額は、未成工事支出金の借方と退職給付引当金の貸方にすでに計上されている。この予定計上額と実際発生額との差額は工事原価に加減する。

5．期末時点で施工中の工事は次の工事だけであり、収益認識には原価比例法による工事進行基準を適用している。

工事期間は４年（20×3年４月１日～20×7年３月31日）、当初契約時の工事収益総額は840,000千円、工事原価総額の見積額は600,000千円で、前受金として着手前に200,000千円、第２期末に180,000千円をそれぞれ受領している。

当期末までの工事原価発生額は、第１期が135,000千円、第２期が115,000千円、第３期が236,500千円であった。資材価格と人件費の高騰により、第３期首に工事原価総額の見積りを700,000千円に変更するとともに、交渉により、請負工事代金総額を900,000千円とすることが認められた。

6．受取手形と完成工事未収入金の期末残高に対して２％の貸倒引当金を設定する（差額補充法）。このうち1,100千円については税務上損金算入が認められないため、実効税率を30％として税効果会計を適用する。

7．当期の完成工事高に対して0.5％の完成工事補償引当金を設定する（差額補充法）。

8．法人税、住民税及び事業税と未払法人税等を計上する。なお、実効税率は30％とする。

9．税効果を考慮した上で、当期純損益を計上する。

④ 千円

⑤ 千円

⑥ 千円

⑦ 千円

繰越利益剰余金		3200						
完成工事高		216530						
雑収入		1157						
有価証券利息		150						
完成工事原価	165859							
販売費及び一般管理費	18632							
その他の諸費用	2536							
	561530	561530						
機械装置減損損失								
為替差損益								
貸倒引当金繰入額								
その他有価証券評価差額金								
繰延税金資産								
未払法人税等								
法人税、住民税及び事業税								
法人税等調整額								
当期（　　　　）								

「所定の方法」とは、一般に公正妥当と認められた費用配分の方法をいう。たとえば、［ 5 ］資産原価の配分方法には個別法、先入先出法、平均原価法などが認められる。

一方、配分方法の選択について、企業会計原則は企業の自主的な判断に委ねる立場をとっているが、これを企業による配分方法の恣意的な選択を容認するものと解してはならない。つまり、「貸借対照表原則五」にいう「計画的」とは、［ 1 ］的な配分計画のもとに企業の特殊性を十分に考慮して適正な期間利益の計算を［ 6 ］するという意味での妥当な方法の選択を意味する。このようにして選択された配分方法は、正当な理由のないかぎり、毎期［ 7 ］して適用されなければならない。つまり、「［ 4 ］的」とは、妥当な方法の機械的適用を意味する。

〈用語群〉

ア　経済	イ　用役	ウ　固定	エ　保証
オ　再検討	カ　規則	キ　損失	ク　検証
コ　負債	サ　経常	シ　損金	ス　棚卸
セ　経費	ソ　合理	タ　流動	チ　継続

して損益計算書に計上した。

7．株式会社の設立に際して株式を発行するために要した証券会社の事務手数料等の諸経費は、株式交付費として処理する。株式交付費は支出時に費用として処理することを原則とするが、これを繰延資産として３年内に償却することが実務上認められている。

8．企業会計原則では、株主資本を資本金と剰余金に区別するとともに、剰余金を資本剰余金と利益剰余金の２つに分けている。会社計算規則などの現行会計制度は、資本剰余金は資本準備金とその他資本剰余金に、利益剰余金は利益準備金とその他利益剰余金に、さらに細かく区分している。

問１　全面時価評価法による場合に認識すべき評価差額の金額を計算しなさい。

問２　連結財務諸表に計上される非支配株主持分の金額を計算しなさい。

問３　連結財務諸表に計上されるのれんの金額を計算しなさい。

額と実際発生額との差額は工事原価に加減する。

5．期末時点で施工中の工事は次の工事だけであり、収益認識には原価比例法による工事進行基準を適用している。工事期間は４年（20×2年４月１日～20×6年３月31日）、当初契約時の工事収益総額は750,000千円、工事原価総額の見積額は600,000千円で、前受金として着手前に100,000千円、第２期末に250,000千円をそれぞれ受領している。

当期末までの工事原価発生額は、第１期が 72,000千円、第２期が168,000千円、第３期が260,500千円であった。資材価格と人件費の上昇により、第３期首（当期首）に工事原価総額の見積りを650,000千円に変更するとともに、交渉により、請負工事代金総額を780,000千円とすることが認められた。

6．受取手形と完成工事未収入金の期末残高に対して２％の貸倒引当金を設定する（差額補充法）。このうち2,222千円については税務上損金算入が認められないため、実効税率を30％として税効果会計を適用する。

7．当期の完成工事高に対して0.5％の完成工事補償引当金を設定する（差額補充法）。

8．法人税、住民税及び事業税と未払法人税等を計上する。なお、実効税率は30％とする。

9．税効果を考慮した上で、当期純損益を計上する。

問 2

利益準備金		8000						
繰越利益剰余金		3000						
完成工事高		312600						
完成工事原価	259800							
受取利息	600							
雑収入		1863						
販売費及び一般管理費	20089							
その他の諸費用	3790							
	769574	769574						
固定資産除却損								
未収利息								
貸倒引当金繰入額								
その他有価証券評価差額金								
繰延税金資産								
繰延税金負債								
未払法人税等								
法人税、住民税及び事業税								
法人税等調整額								
当期（　　　　）								

問題 43

(1)	ア		イ	
(2)	ウ		エ	
(3)	オ		カ	
(4)	キ		ク	

問題 52

				5					10					15					20

問題 53

①	②	③	④	⑤	⑥
⑦	⑧	⑨	⑩	⑪	

問題 57

問題 58

問題 60

①	②	③	④	⑤	⑥	⑦

問題 63

問題 64

問題 66

①		②		③	
④		⑤			

問題 67

(1) 引当金の目的を説明しなさい。

(2) 引当金の設定要件を4つ挙げなさい。

①

②

③

④

問題 68

（単位：円）

	×1年度	×2年度	×3年度
完成工事高			
完成工事原価			
完成工事損益			
工事損失引当金			

問題 74

	○または×	理　由
(1)		
(2)		
(3)		

問題 76

問題 83

精　算　表

（単位：円）

勘定科目	残高試算表		整理記入		損益計算書		貸借対照表	
	借方	貸方	借方	貸方	借方	貸方	借方	貸方
現金預金	60000							
受取手形	187500							
完成工事未収入金	210000							
貸倒引当金		2750						
有価証券	90000							
未成工事支出金	1087500							
建物	350000							
建物減価償却累計額		80000						
機械装置	125000							
機械装置減価償却累計額		59600						
車両	10000							
車両減価償却累計額		4000						
仮払金	24250							
支払手形		175250						
工事未払金		112500						
未成工事受入金		15000						
完成工事補償引当金		125						
社債		48500						
借入金		300000						
退職給付引当金		57500						
資本金		250000						
利益準備金		50000						
繰越利益剰余金		59125						
完成工事高		1200000						
販売費及び一般管理費	269350							
社債利息	750							
	2414350	2414350						
有価証券評価損								
完成工事原価								
社債償還（　）								
当期純（　）								
合計								

問題 84

				5					10					15					20

問題 85

①	②	③	④	⑤	⑥

問題 86

(A) 税効果会計に関する仕訳

	借　方　科　目	金　　額	貸　方　科　目	金　　額
(1)				
(2)				

(B) 各年度期末における繰延税金資産または繰延税金負債（いずれかに記入）

(1) ×１年度期末　繰延税金資産 ＿＿＿＿＿＿ 円

繰延税金負債 ＿＿＿＿＿＿ 円

(2) ×２年度期末　繰延税金資産 ＿＿＿＿＿＿ 円

繰延税金負債 ＿＿＿＿＿＿ 円

問題 89

合併後貸借対照表

×1年4月1日　　　　　(単位：円)

資産	金額	負債・純資産	金額
諸資産		諸負債	
(　　　)		資本金	
		資本準備金	
		利益準備金	
		別途積立金	
		繰越利益剰余金	

問題 90

①		②		③	
④		⑤			

問題 91

(A)　連結修正仕訳

借方科目	金額	貸方科目	金額

(B)　連結貸借対照表

連結貸借対照表

×2年3月31日　　　　　(単位：円)

諸資産	(　　　)	諸負債	(　　　)
		資本金	(　　　)
		利益剰余金	(　　　)
	(　　　)		(　　　)

問題 92

(A) 連結修正仕訳

借方科目	金額	貸方科目	金額

(B) 連結貸借対照表

連結貸借対照表
×2年3月31日

(単位：円)

諸資産	( )	諸負債	( )
		資本金	( )
		利益剰余金	( )
		( )	( )
	( )		( )

問題 93

(A) 連結修正仕訳

借方科目	金額	貸方科目	金額

(B) 連結貸借対照表

連結貸借対照表
×2年3月31日

(単位：円)

諸資産	( )	諸負債	( )
( )	( )	資本金	( )
		利益剰余金	( )
		( )	( )
	( )		( )

問題 94

(A)　評価替えの仕訳と連結修正仕訳

(1)　評価替えの仕訳

借　方　科　目	金　　額	貸　方　科　目	金　　額

(2)　連結修正仕訳

借　方　科　目	金　　額	貸　方　科　目	金　　額

(B)　連結貸借対照表

連結貸借対照表

×2年3月31日　　　(単位：円)

諸　資　産	(　　　)	諸　負　債	(　　　)
(　　　)	(　　　)	資　本　金	(　　　)
		利益剰余金	(　　　)
		(　　　)	(　　　)
	(　　　)		(　　　)

問題 97

		借方科目	金額	貸方科目	金額
①	JV				
	T社				
	W社				
②	JV				
	T社				
	W社				
③	JV				
	T社				
	W社				

問題 100

決算整理後残高試算表

×2年3月31日　(単位：円)

現金	(　　)	工事未払金	(　　)
完成工事未収入金	(　　)	未成工事受入金	(　　)
前渡金	(　　)	長期借入金	(　　)
(　　)	(　　)	(　　)	(　　)
		為替差損益	(　　)

問題102

問題103

(1) 直接法による営業活動によるキャッシュ・フロー　（単位：千円）

営業収入	（　　）
原材料又は商品の仕入支出	－（　　）
人件費支出	－（　　）
小　計	（　　）
利息及び配当金の受取額	（　　）
利息の支払額	－（　　）
法人税等の支払額	－（　　）
営業活動によるキャッシュ・フロー	（　　）

(2) 間接法による営業活動によるキャッシュ・フロー　（単位：千円）

税金等調整前当期純利益	4,212
減価償却費	（　　）
貸倒引当金増加額	（　　）
受取利息配当金	－（　　）
支払利息	（　　）
有形固定資産売却損	（　　）
売上債権の増加額	－（　　）
棚卸資産の減少額	（　　）
仕入債務の減少額	－（　　）
未払人件費の増加額	702
小　計	（　　）
利息及び配当金の受取額	（　　）
利息の支払額	－（　　）
法人税等の支払額	－（　　）
営業活動によるキャッシュ・フロー	（　　）

≪仕訳シート≫　必要に応じてコピーしてご利用ください。

問題番号	借方科目	金額	貸方科目	金額